天津理工大学教材建设基金资助 JC22-10

环境设计方案构思与表达

孙 响◎著

远方出版社

图书在版编目（CIP）数据

环境设计方案构思与表达 / 孙响著 . -- 呼和浩特 ：
远方出版社，2023.12
ISBN 978-7-5555-2008-5

Ⅰ．①环… Ⅱ．①孙… Ⅲ．①环境设计－设计方案
Ⅳ．① TU-856

中国国家版本馆 CIP 数据核字 (2024) 第 009732 号

环境设计方案构思与表达
HUANJING SHEJI FANGAN GOUSI YU BIAODA

著　　者	孙　响	
责任编辑	蔺　洁	
绘　　画	刘韦伟　李曼玉　石玉冰　翟姝妍　杜　凯	
	李志勇　张金博　张易焜　戈杨洁	
出版发行	远方出版社	
社　　址	呼和浩特市乌兰察布东路 666 号　　邮编 010010	
电　　话	（0471）2236473 总编室　　2236460 发行部	
经　　销	新华书店	
印　　刷	河北万卷印刷有限公司	
开　　本	710mm×1000mm 1/16	
字　　数	155 千	
印　　张	10	
版　　次	2023 年 12 月第 1 版	
印　　次	2024 年 2 月第 1 次印刷	
标准书号	ISBN　978-7-5555-2008-5	
定　　价	89.00 元	

如发现印装质量问题，请与出版社联系调换

前　言

在当今迅速发展的社会中，环境设计不仅是一门技艺，更是一种对生活空间进行深刻思考和创造性表达的艺术。《环境设计方案构思与表达》是天津理工大学艺术学院环境设计系专业市级一流课程的成果总结，为广大大学生提供了全面、深入的学科指导，旨在为学生提供全面而深入的学习体验。

本书深入探讨了景观设计的基本原则、要求、基础知识与常识（涵盖植物、道路、水体、常见元素形态和常用尺寸等），范图评析以及历年高校环境设计任务书的详细解读。通过对学习景观快题的四种状态、快题设计的原则、要求、评分标准、比例及时间分配以及工具准备的全面介绍，为读者提供系统而实用的设计方法和技能。

特别值得一提的是，本书对基础知识与常识进行了深入的剖析，包括植物、道路、水体、景观元素的常见形态和常用尺寸，为读者提供了扎实的学科基础。范图评析部分则通过对平面图和立面图范图的详细评析，使读者更好地理解设计内涵和技术要求。

本书的独特之处在于，它不仅仅是市场上大量手绘设计书籍的整合，更是结合作者多年的教学、实践项目、竞赛经验精心编写而成。通过大量优秀的平立面图进行讲解，读者能够直观地感受到设计的艺术魅力和技术要领，帮助学生更好地理解和掌握景观设计的核心理念和实践技能。

目　录

第一章　绪论

一、快题设计的原则

（一）准确无误强于标新立异

怎样才能在快题设计中取得较好成绩，笔者认为首先要保证不出差错，因为设计类的测试是没有标准答案可循的，仁者见仁智者见智，正因如此，对于最后成绩的判定也会因考官的偏好、研究方向等而出现浮动，另外，快题设计的真正目的在于考察应试者的基本设计能力，而并非出奇创新、天马行空的创意想法，因此，发挥自身特长，取长补短，用较短时间以自己擅长的方式设计出最为稳妥的方案才是首选。应该注意以下几个方面的内容。

1. 一些硬性规定或常识性的知识，如指北针、比例尺、标注、标高、尺度不要出差错。

2. 要特别注意题目特殊要求或场地限制，如出入口位置、地形原有高差、地下停车场入口、周边环境限制、铺装尺度、建筑朝向与植被位置、冠幅大小等。

3. 成果完整不缺图。考题要求的图一定不能缺少，避免因为时间问题而少画了要求的图，造成不必要的失分。

4. 构图稳健、干净清爽。在快题设计中构图也是一个很重要的评分项目，一个好的构图不仅能让人眼前一亮提升作品品质，还能提高绘图速度节省时间。所谓的干净清爽指的是整体画面线条用笔利索，不拖泥带水，用色以冷灰色调为好，因为在景观设计中，绿植、铺装、水系所占面积最大，而这三者如果采用纯度较高的颜色，一旦搭配有误，就会造成不可逆的错误，无法修改，从而严重影响图面效果。而采用冷灰色调的好处一是阅卷人可能面对上百份的卷子，长时间翻阅会造成视觉疲劳，冷灰色调给人以清爽的感觉，更能吸引阅卷人的眼球；二是一旦搭配有误，还有修改的余地，色调加深、提高纯度、增加线条和阴影层次等手段都是可行的。

（二）重点刻画强于处处平均

鉴于快题设计在时间上的特殊性，短则三四个小时，长则七八个小时，在如此短的时间内完成平面、立面、透视、分析、节点、设计说明、标题等内容是非常紧张的，假若每一张图都投入百分之百的精力，无论是时间还是体力脑力都是不允许的。因此，笔者建议大家要有取有舍、重点刻画。一般情况下，平面图和透视图是快题设计中极为重要的两张图，有经验的老师或设计师从平面图中就可以看出应试者的设计能力和水平，所以花大力气将平面图和透视图画好、画精是非常重要的。在整个快题评分中，平面图和透视图所占分数的比例达到 60% 左右。至于其他图幅，只要符合基本要求，没有原则性错误可以适当简略，以减少投入的精力和时间。

二、快题设计的要求

快题设计的基础在于掌握设计的一般知识，并且在长时间的训练下积累经验，要想达到"快速设计"必须先要慢下来，每一种类型的景观都有自身独特的设计要领和景观形态，公园、广场、居住区等使用功能不同，群体的定位不同，就是同一类类型的景观，由于所处地点、面积、投资等方面也会存在差异，所以需要解决的问题不尽相同，因此，这种有的放矢的训练是快速设计的前提和基础，对于初学者来说，设计的第一步就是学会分析，分析所给的地形、地貌、周边环境、设计要求、设计类型等，提出问题和不足，带着问题去做设计才是对症下药。

笔者建议，在做设计前，在图纸一边写上对于该地块的理解，如要做城市小型公园，那么就应该想到跟它对应的道路形态可能更加偏向于蜿蜒曲折，功能上要符合市民的活动要求，包括休息、娱乐、散步、锻炼等。这些功能列出后再列出与之对应的不同功能所需的空间形态，如休息需要半封闭空间，娱乐和锻炼可以半开敞，散步则可以结合道路等，这样一来就做到了心中有数，"意在笔先"。

此外，要养成做笔记的习惯，虽然每个方案都有自己的独特性，但设计规律和手法还是有迹可循的，所以每当做完一套方案时，都应该细心保留，并且把设计心得以及提出的问题和解决办法一一记下，以便日后遇到同类型景观设计时可以参考借鉴，长此以往，收获颇丰。

三、快题设计的评分标准、比例及时间分配

（一）评分标准

设计类专业考试有着一定的特殊性，并没有统一的绝对标准可言，而学校、地域间的考试要求也是多种多样，从图幅大小、内容、时间到工具的要求都不尽相同，如何把握要点抓住评阅人的心理成为至关重要的环节。这里建议大家要提前做好功课，充分利用网络资源，搜集所考学校的考试资料，还要询问具体考试要求、表现形式是如何规定的、要求什么样的表现风格、画纸大小、画纸是自备还是统一发放等，有条件的还可以亲自前往所考院校进行详细的询问，也可以找到在校学生了解情况，做到知己知彼。

下面笔者列举了几条关于景观设计的评分标准，以供大家参考。

1.方案设计符合题目要求，如地形、标高、周边环境等各种限制，

满足经济技术指标。

2. 构思合理，结构是否完整、统一、协调，具有一定特色。

3. 设计内容符合景观设计的一般要求和规范。

4. 平面图、立面图等符合制图规范，效果图透视准确。

5. 构图饱满，各图幅间比例大小合适，标题、设计说明表达清晰、整洁美观。

（二）评分比例

评分比例如下：设计过程 70 分（设计思路、功能结构、制图规范）；设计表现 60 分（表达准确性、图面效果）；设计细节 20 分（设计说明、节点、标注等）。

	A 档（150～130）	B 档（129～110）	C 档（109～90）	D 档（89～0）
主题	切合题意	符合	基本符合	偏离
效果	效果突出	不错	良好	凌乱
布局	新颖	规范	合理	欠佳
造型	美观	完整	准确	混乱
细节	精彩	干净	分明	不清

（三）时间分配

快题考试时受到时间的严格限制，合理地运用时间是取得好成绩的关键。在时间的安排上需要特别说明的是既要在规定时间内完成所要求的全部图幅，又要合理地分配精力，将重点放到重要的几幅图上去，不要纠结于一个点，更不能一味地追求完美，只要总体布局合理，没有大的原则性错误就可以了。

内容	3 小时快题		6 小时快题
审题	10		10
草图、修改	20		40
排版	5		5
三图	130	平面 55	130
		透视 55	130
		立面 20	30
		290	
两字	10		10
检查	5		5

在具体时间安排上，以 6 小时快题为例进行细致的分析。

第一，审题。这一步很关键，一般用时 10 分钟左右，对于题目要求、图纸的收阅都要仔细阅读，尤其是特殊的场地限制或要求必须要特别注意，可以用红笔标记出来做出强调，这样才能在设计中抓住重点。

第二，草图阶段。可以分为两个部分。一是概念性草图，将路网结构、总体布局、主要节点规划出来，这时的草图往往以简单的符号来表示即可，圆圈、方块、多边形等表示铺装或草地，直线表示道路，曲折线表示隔断或者绿化。用符号来表示结构可以消除烦琐的细节对于设计者的干扰，能够使设计者更加直接清晰地考虑主要结构问题，有助于设计者厘清主要的结构关系。二是深化阶段，将之前设计的草图进行进一步细化，其中包括各部分结构的空间尺寸、道路形态及等级、铺装样式、绿化形式及布局等，一些不合理的设置也会在这一步得到改进和完善，到这一步时要尽可能的细化，因为一旦到了正式图纸上再发现错误或者想要再细化就会花更多的时间，反而得不偿失，所以建议大家不要急于求成，所谓"磨刀不误砍柴工"，此时的细致可以省去后面很多的时间。

另外，笔者通过长期的教学实践发现，很多同学都会出现这样一个问题，就是在画透视图时感觉没有东西可画，导致图面潦草，内容单一。其实这个问题在深化草图阶段就要考虑，这一阶段要想画好，在画正图前就要选好透视的角度，在选定大概角度后要有意深入细化该局部的设计，避免透视时无物可画，显得空洞潦草。

对于 6 小时考试来说还有一个小技巧，就是画图的节奏感。我们都知道景观设计要有节奏感，其实对于画图的过程来说也是一样的。在考试初期，人的心理难免都会紧张，当草图深化阶段完成后，心理状态如果不及时调整而是急于开始正图的绘制，难免会出现纰漏，紧绷的神经一直持续下去的话会导致越到后面越不知所措。所以我们要利用这样一个间歇期来让心情得到适当的放松，我们可以将构图的任务放到这个阶段来完成，将平面图、立面图、透视图、节点、分析、示意等这些图幅的布局、大小安排好，尤其是比例问题，往往很多同学在画到最后时才发现有一些要画的图没有地方了，这时再修改已经来不及了，将每个图幅的比例大小提前设定好，可以用铅笔在图纸上大概圈出位置，还有标题和设计说明的位置一一安排好。接下来就可以开始最为重要的平面图的绘制了，当绘制好后可以再次放松一下，将一些较小的图例，如分析、节点等绘制出来，短暂放松后再开始透视图的绘制，这样一来，紧张的心情得到了缓解的同时又统筹规划、合理安排，一举两得。

四、工具的准备

笔	纸	尺规	其他
铅笔 2H、HB、2B、5B（粗 1 支、细 2 支）电工笔 2 支	绘图纸（表面平滑 A2 若干）	丁字尺 600 mm	图板（表面平整、四边整齐）
墨线笔 0.18、0.3、0.5、1.0 各 2 支	草图纸（A3 若干）	三角板	电工胶带（留头）
马克笔若干	硫酸纸 / 拷贝纸（A3 若干）	比例尺大 / 小	壁纸刀、皮筋
彩铅	坐标纸	圆模板	水、能量棒、清凉油
美工笔 1 支	—	曲线板	纸巾、湿纸巾
勾线笔 1 支	—	—	—

1. 笔：美工笔和勾线笔，这两种笔可以用于墙体的涂黑边框的绘制。

2. 坐标纸：坐标纸在草图绘制时可以充当比例尺的作用。

3. 尺规：丁字尺不要太长，600 mm 较为合适，因为较长的尺子会影响到图面的绘制，移动和携带都很不方便。在尺规类的工具里，很多同学青睐平行尺，笔者认为最好不要用，因为所谓的平行尺其实并不平行，推尺的过程中用力稍微不均，就会造成倾斜，而且相比于丁字尺和三角板的组合在绘图效率上也是不甚理想的。

4. 绘图板：绘图板的选取上一定要保证板面的平整干净，否则会影响作图效果。

5. 电工胶带：之所以选用电工胶带是因为普通的胶带黏度较大，撕下后容易将图纸损坏，而电工胶带黏度适中，不会影响图面效果。

6. 食物：快题考试一般以 6 小时居多，在这样长的时间内，人的精力和体力消耗很大，而很多同学为了节省时间选择忍饥挨饿，其实大可不必，我们可以选择一些高能量并且没有碎屑的食品，例如能量棒或巧克力来补充体力，保证有充沛的精力来完成考试。

第二章 基础知识与常识

对于设计师来说，想要设计出优秀的作品，除了要有必备的审美能力，掌握景观设计的各种数据参数和相关规定也是不可或缺的。以下几个小节对节点、绿化、道路以及各类景观常见元素进行较为详细的介绍，为广大读者提供参考。

一、植物

（一）植物配置

1. 植物配置的原则有以下几个方面

（1）适应绿化的功能要求，适应所在地区的气候、土壤条件和自然植被分布特点，选择抗病虫害强、易养护管理的植物，体现良好的生态环境和地域特点。

（2）植物品种的选择要在统一的基调上力求丰富多样。

（3）适用种植的植物分为6类：乔木、灌木、藤本植物、草本植物、花卉及竹类。

（4）种植应考虑建筑物的朝向（如在华北地区，建筑物南面不宜种植过密，防止影响通风和采光）。在近窗位置不宜种高大灌木。在建筑物的西面，需要种高大阔叶乔木，对夏季降温有明显的效果。

2. 植物配置

植物配置按形式分为规则式和自由式，配置组合基本有以下几种。

组合名称	组合形态及效果	种植方式
孤植	突出树木的个体美，可成为开阔空间的主景。	多选用粗壮高大、体形优美、树冠较大的乔木。
对植	突出树木整体美，外形整齐美观，高矮大小基本一致。	以乔灌木为主，在轴线两侧对称种植。
丛植	以多种植物组合成的观赏主体，形成多层次绿化结构。	以遮阳为主的丛植多由数珠乔木组成，以观赏为主的丛植多由乔灌木混交组成。
树群	以观赏树组成，表现整体造型美，产生起伏变化的背景效果，衬托前景和建筑物。	由数珠同类或异类树种混合种植，一般树的长度不超过 60 m。
草坪	分观赏草坪、游憩草坪、运动草坪、交通安全草坪、护坡草皮，主要种植矮小草本植物，通常称为绿地景观的前景。	按草坪用途选择品种，一般容许坡度为 1%～5%，适宜坡度为 2%～3%。

孤植

对植

丛植

树群

植物配置示意图

（二）植物组合的空间效果与尺度

植物作为三维空间的实体，以各种方式交互形成多种空间效果，植物的高度和密度影响空间的塑造。

植物分类	植物高度（cm）	空间效果
花卉、草坪	13～15	能覆盖地表，美化开敞空间，在平面上暗示空间。
灌木、花卉	40～45	产生引导效果，界定空间范围。
灌木、竹类、藤本类	90～100	产生屏障功能，改变暗示空间的边缘，限定交通流线。
乔木、灌木、藤本类、竹类	135～140	分隔空间，形成连续完整的围合空间。
乔木、藤本类	高于人水平视线	产生较强的视线引导作用，可形成较私密的交往空间。
乔木、藤本类	高大树冠	形成顶面的封闭空间，具有遮蔽功能，并改变天际线的轮廓。

绿篱有组成边界、围合空间、分隔和遮挡场地的作用，也可作为雕塑小品的背景。

绿篱以行列式密植植物为主，分为整形绿篱和自然绿篱。整形绿篱常用生长缓慢、分枝点低、枝叶结构紧密的低矮灌乔木，适合人工修剪整形。自然绿篱选用植物体量相对较高大。绿篱地上生长空间要求一般高度为 0.5～1.6 m，宽度为 0.5～1.8 m。

1.绿篱树的行距和株距

栽植类型	绿篱高度（m）	株行距（m）		绿篱计算宽度（m）
		株距	行距	
一行中灌木 两行中灌木	1～2	0.40～0.60 0.50～0.70	/ 0.40～0.60	1.00 1.40～1.60
一行小灌木 两行小灌木	<1	0.25～0.35 0.25～0.35	/ 0.25～0.30	0.80 1.10

2.绿化植物栽植间距和绿化带最小宽度规定

名称	不宜小于（中—中）（m）	不宜大于（中—中）（m）
一行行道树	4.00	6.00
两行行道树（棋盘式栽植）	3.00	5.00
乔木群植	2.00	/
乔木与灌木	0.50	/
灌木群植（大灌木） （中灌木） （小灌木）	1.0 0.75 0.30	3.00 0.50 0.80

3.绿化带最小宽度规定

名称	最小宽度（m）	名称	最小宽度（m）
一行乔木	2.00	一行灌木带（大灌木）	2.50
两行乔木（并列栽植）	6.00	一行乔木与一行绿篱	2.50
两行乔木（棋盘式栽植）	5.00	一行乔木与两行绿篱	3.00
一行灌木带（小灌木）	1.50	—	—

4.绿化植物与建筑物、构筑物最小间距的规定

建筑物、构筑物名称	最小间距（m）	
	至乔木中心	至灌木中心
建筑物外墙：有窗 　　　　　无窗	3.0 ～ 5.0 2.0	1.5 1.5
挡土墙顶内和墙脚外	2.0	0.5
围墙	5.0	1.0
铁路中心线	0.75	3.5
道路路面边缘	0.75	0.5
人行道路面边缘	1.0	0.5
排水沟边缘	3.0	0.5
体育用场地	3.0	3.0
喷水冷却池外缘	40.0	—
塔式冷却池外缘	1.5倍塔高	—

5.道路交叉口植物布置规定

道路交叉口处种植树木时，必须留出非植树区，以保证行车安全视距，即在该视野范围内不应栽植高于1米的植物，而且不得妨碍交叉口路灯的照明，为交通安全创造良好条件。

行车速度≤ 40 km/h	非植树区不应小于30 m
行车速度≤ 25 km/h	非植树区不应小于14 m
机动车道与非机动车道交叉口	非植树区不应小于10 m
机动车道与铁路交叉口	非植树区不应小于50 m

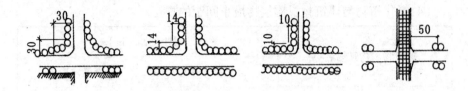

道路交叉口植物布置示意图

6.停车场绿化

停车场的绿化景观可分为周界绿化、车位间绿化和地面绿化及铺装。

绿化部位	景观及功能效果	设计要点
周围绿化	形成分隔带，减少视线干扰和居民的随意穿越。遮挡车辆反光对居室内的影响。增加车场的领域感，同时美化周边环境。	较密集排列种植灌木和乔木，乔木树干要求挺直；车场周边也围合装饰性景墙，或种植攀缘植物进行垂直绿化。
车位间绿化	多条带状绿化种植产生阵列式韵律感，改变车场内环境并形成庇荫，避免阳光直射车辆。	车位间绿化带由于受车辆尾气排放影响，不宜种植花卉。为满足车辆的垂直停放和种植物保水要求，绿化带一般宽为 1.5～2 m，乔木沿绿化带排列，间距应大于或等于 2.5 m，以保证车辆在其间停放。
地面绿化及铺装	地面铺装和植草砖使场地颜色产生变化，减弱大面积硬质地面的生硬感。	采用混凝土或塑料植草砖铺地。种植耐碾压草坪，选择满足碾压要求具有透水功能的实心砌块铺装材料。

（三）常见绿化树种分类表

序号	分类	植物举例
1	常绿针叶树	乔木类：雪松、黑松、龙柏、马尾松、桧柏 灌木类：罗汉松、千头柏、葡地柏、五针松
2	落叶针叶树(无灌木)	乔木类：水杉、金钱松
3	常绿阔叶树	乔木类：香樟、广玉兰、女贞、棕榈 灌木类：珊瑚树、大叶黄杨、瓜子黄杨、雀舌黄杨、枸骨、橘树、石楠、海桐、桂花、夹竹桃、黄馨、迎春、洒金珊瑚、南天竹、六月雪、小叶女贞、八角金盘、栀子、山茶、金丝桃、杜鹃、丝兰(波罗花、剑麻)、苏铁(铁树)

（续表）

序号	分类	植物举例
4	落叶阔叶树	乔木类：垂柳、直柳、枫杨、龙爪柳、青铜(中国梧桐)、悬铃木(法国梧桐)、槐树(国槐)、合欢、银杏 灌木类：樱花、白玉兰、桃花、蜡梅、紫薇、紫荆、戚树、青枫、红叶李、铁梗海棠、吊钟海棠、八仙花、麻叶绣球、金钟花(黄金条)、木芙蓉、木槿(槿树)
5	竹类	慈孝竹、观音竹、佛肚竹、碧玉间黄金竹、黄金间碧竹
6	藤本	紫藤、络石、地锦(趴墙虎)、常春藤
7	花卉	太阳花、长生菊、一串红、美人蕉、五色苋、甘蓝、菊花、兰花
8	草坪	天鹅绒草、结缕草、麦冬草、四季青草、马尼拉草

二、道路

道路作为车辆和人员的汇流途径，具有明确的导向性，道路两侧的环境景观应符合导向要求，并达到步移景移的视觉效果。道路边的绿化种植及路面质地色彩的选择应具有韵律感和观赏性。在满足交通需求的同时，道路可形成重要的视线走廊，因此，要注意道路的对景和远景设计，以强化视线集中的观景。休闲性人行道、园道两侧的绿化种植，要尽可能形成绿荫带，并串连花台、亭廊、水景、游乐场等，形成休闲空间的有序展开，增强环境景观的层次。消防车道占人行道、院落车行道合并使用时，可设计成隐蔽式车道，即在4米幅宽的消防车道内种植不妨碍消防车通行的草坪花卉，铺设人行步道，平日作为绿地使用，应急时供消防车使用，有效地弱化了单纯消防车道的生硬感，提高了环境和景观效果。

（一）道路形态

根据地形、气候、用地规模、周边环境条件、城市交通系统以及居民的出行方式等，道路系统的组织有人车混流和人车分流等形式，路网布置有环通式、半环式、尽端式以及以上三种基本型相结合的混合式、自由式等多种形式。

布置形式	特点
环通式	车行、人行通畅，组团划分明确，但居民易受交通干扰
半环式	车行分区明确，区内联系不便
近端式	减少汽车穿越干扰，节约道路面积，自行车交通不通畅
混合式	—

  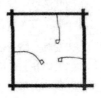 

a. 环通式   b. 半环式   c. 近端式   d. 混合式

a. 环通式   b. 半环式

c. 近端式   d. 混合式

（二）道路与节点

道路是景观的骨架，节点是景观的亮点，二者的组织形式多种多样，将其归纳起来大体有三种方式。

1. 道路引向节点。

一般为中心放射状，多用于广场、商业中心、居住区等，具有很强的聚集性。

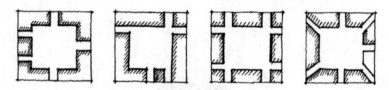

道路引向节点示意图

2. 道路穿越节点

参与性强，但要注意道路与节点连接处的处理方式以及尽量减少高差变化。

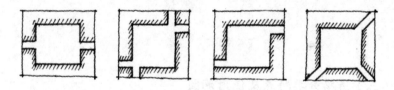

道路穿越节点示意图

3. 节点位于道路一侧。

对于土地的利用率高，容易创造出多种类型的空间形态。

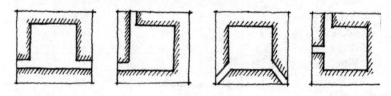

节点位于道路一侧示意图

道路引向节点设计图

道路穿越节点设计图

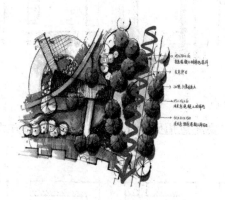

节点位于道路一侧设计图

（三）道路分类特点及使用范围

道路分类		适用场地								
		车道	人行道	停车场	广场	园路	游乐园	露台	屋顶广场	体育场
沥青	不透水沥青路面	√	√	√						
	透水性沥青路面			√	√					
	彩色沥青路面			√		√				
热辐射低，光反射弱，全年使用，耐久，维护成本低										

（续表）

道路分类	适用场地								
	车道	人行道	停车场	广场	园路	游乐园	露台	屋顶广场	体育场
混凝土路面 坚硬，无弹性，铺装容易，耐久，全年使用，维护成本低，撞击易碎	√	√	√	√					
水磨石路面 表面光滑、可配成多种色彩，有一定硬度，可组成图案装饰		√		√	√	√			
模压路面 易成形，铺装时间短。分坚硬、柔软两种，面层纹理色泽可变		√		√	√				
陶瓷砖路面 有防滑性，有一定的透水性，成本适中，撞击易碎，吸尘，不易清扫		√			√	√	√		
黏土砖路面 价格低廉，施工简单，平整度差，不易清扫		√		√	√				
碎石、卵石路面 在道路基底上用水泥粘铺，有防滑性能，观赏性强，成本较高，不易清扫。			√		√				
砾石路面 价格低，易维修，无光反射，质感自然，透水性强									
砂土路面 价格低，无光反射，透水性强，需常湿润					√				

道路分类	适用场地								
	车道	人行道	停车场	广场	园路	游乐园	露台	屋顶广场	体育场
黏土路面 用混合黏土或三七灰土铺成，有透水性，价格低，无光反射，易维修					√				
木地板路面 有弹性，步行舒适，防滑，透水性强，成本高，不耐腐蚀，应选耐潮湿木料					√	√			
木砖路面 步行舒适，防滑，不易起翘，成本较高，需做防腐处理，应选耐潮湿木料					√		√		
木屑路面 质地松软，透水性强，取材方便，价格低廉，具有装饰性					√				
人工草皮路面 无尘土，排水良好，行走舒适，成本适中。负荷较轻，维护费用高			√	√					
弹性橡胶路面 具有良好的弹性，排水较好，成本较高，易受损坏。清洗费时							√	√	√

三、水体

水景景观以水为主。水景设计应结合场地气候、地形及水源条件。

南方干热地区应尽可能为居住区居民提供亲水环境，北方地区在设计不结冰期的水景时，还必须考虑结冰期的枯水景观。

（一）水景的构成元素

景观元素	内容
水体	水体流向、水体色彩、水体倒影、溪流、水源
沿水驳岸	沿水道路、沿岸建筑(码头、古建筑等)、沙滩、雕石
水上跨越结构	桥梁、栈桥、索道
水边山体树木(远景)	山岳、丘陵、峭壁、林木
水生动植物(近景)	水面浮生植物、水下植物、鱼鸟类
水面天光映衬	光线折射漫射、水雾、云彩

（二）水体形态

在中国传统园林中，水占有很重要的地位，在或大或小的庭院中通过水穿针引线组织结构，因此水的形态各异。我们在快速设计时很容易就会想到要做水，然而，并非所有地形都适合做水，即便适合也要充分考虑现实条件，如水的来源、防水的处理、水体的循环等。现代景观中水的应用很普遍，尤其以居住区和公园居多，形态上也由原来传统的"曲水流觞"转变为几何形，更多强调轴线性和亲水性，同时通过增加娱乐设施丰富水体的趣味。

1. 传统造型

苏州网师园　　　　　若方形　　　　　苏州艺圃
　　　　　　　　　（苏州留园）

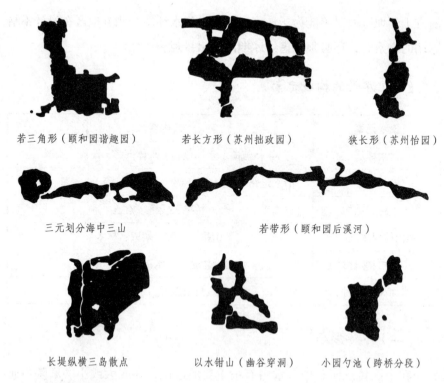

若三角形（颐和园谐趣园）　　　若长方形（苏州拙政园）　　　狭长形（苏州怡园）

三元划分海中三山　　　　　　　若带形（颐和园后溪河）

长堤纵横三岛散点　　　以水钳山（幽谷穿洞）　　　小园勺池（跨桥分段）

2. 现代造型

（三）驳岸

驳岸是亲水景观中应重点处理的部位。驳岸与水线形成的连续景观线是否能与环境相协调，不但取决于驳岸与水面间的高差关系，还取决于驳岸的类型及用材的选择。驳岸类型列表如下。

序号	驳岸类型	材质选用
1	普通驳岸	砌块(砖、石、混凝土)
2	缓坡驳岸	砌块、砌石(卵石、块石)、人工海滩砂石
3	带河岸群墙的驳岸	边框式绿化、木桩墙固卵石
4	阶梯驳岸	踏步砌块、仿木阶梯
5	带平台的驳岸	石砌平台
6	缓坡，阶梯复合驳岸	阶梯砌石、缓坡种植保护

（四）喷泉

1. 喷泉是完全靠设备制造出的水量，对水的射流控制是关键环节，采用不同的手法进行组合，会出现多姿多彩的变化形态。

2. 喷泉景观的分类和适用场所如下。

名称	主要特点	适用场所
碧泉	从墙壁、石壁和玻璃板上喷出，顺流而下形成水帘和多段水流	广场、居住区入口、景观墙、挡土墙、庭院
涌泉	水由下向上涌出，呈水柱状，高度 0.6～0.8 m，可独立设置，也可组成图案	广场、居住区入口、庭院、假山、水池
间歇泉	模拟自然界的地质现象，每隔一定时间喷出水柱和气柱	溪流、小径、泳池边、假山
旱地泉	将喷泉管道和喷头下沉到地面以下，喷水时水流回落到广场硬质铺装上，沿地面坡度排出。平常可作为休闲广场	广场、居住区入口
跳泉	射流非常光滑稳定，可以准确落在受水孔中，在计算机的控制下，生成可变化长度和跳跃时间的水流	庭院、园路边、休闲场所
跳球喷泉	射流呈光滑的水球，水球打下和间歇时间可控	庭院、园路边、休闲场所
雾化喷泉	由多组微孔喷管组成，水流通过微孔喷出，看似烟雾，多呈柱形和球形	庭院、广场、休闲场所
喷水盆	外观呈盆状，下有支柱，可分多级，出水系统简单，多为独立设置	园路边、庭院、休闲场所
小品喷泉	从雕塑伤口中的器具(罐、盆)和动物(鱼、龙)口中出水，形象有趣	广场、群雕、庭院
组合喷泉	具有一定规模，喷水形式多样，有层次，有气势，喷射高度高	广场、居住区入口

四、景观元素的常见形态

在第一章时笔者讲到很多人在刚刚接触到快速设计时往往大脑一片空白，苦于没有素材，其实很大一部分原因是对景观常见元素的积累和认识较少，节点形式如何设计得丰富而不雷同、统一中又各有特色是值得我们仔细思考的一个问题，下面笔者列举了一些常见景观元素的特点及形态，以供参考。

（一）亭

亭是供人休息、遮阴、避雨的建筑，个别属于纪念性建筑和标志性建筑。亭的形式、尺寸、色彩、题材等应与所在居住区景观相适应、协调。亭的高度宜在 2.4 ～ 3 m，宽度宜在 2.4 ～ 3.6 m，立柱间距宜在 3 m 左右。木制凉亭应选用经过防腐处理的耐久性强的木材。

1. 亭的形式和特点

名称	特点
山亭	设置在山顶和人造假山石上，多具标志性
靠山半亭	靠山体、假山石建造，显露半个亭身，多用于中式园林
靠墙半亭	靠墙体建造，显露半个亭身，多用于中式园林
桥亭	建在桥中部或桥头，具有遮蔽风雨和观赏功能
廊亭	与廊相连接的亭，形成连续景观的节点
群亭	由多个亭有机组成，具有一定的体量和韵律
纪念亭	具有特定意义，或代表院落名称
凉亭	以木制、竹制或其他轻质材料建造，多用于盘结悬垂类蔓生植物，亦常作为外部空间通道使用

2. 古典园林中亭的造型

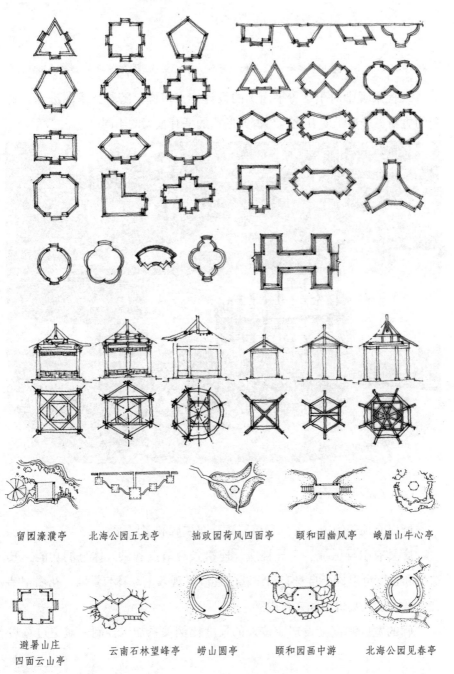

| 留园濠濮亭 | 北海公园五龙亭 | 拙政园荷风四面亭 | 颐和园幽风亭 | 峨眉山牛心亭 |

| 避暑山庄
四面云山亭 | 云南石林望峰亭 | 崂山圆亭 | 颐和园画中游 | 北海公园见春亭 |

三潭印月路亭　　庆公园沉香亭　　留园冠云亭　　太平山御碑亭　　北海公园鲜碧亭

　　现代景观中对于亭（平面）的设计丰富多样，随着技术的进步和材料的更新，造型千变万化，与古典形式的亭有很大的不同。

（二）廊（平面）

　　廊以有顶盖为主，可分为单层廊、双层廊和多层廊。

　　廊具有引导人流、引导视线、连接景观节点和供人休息的功能，其造型和长度也形成了自身有韵律感的连续景观效果。廊与景墙、花墙相结合，增加了观赏价值和文化内涵。

　　廊的宽度和高度设定应按人的尺度比例关系加以控制，避免过宽过高，一般高度宜在 2.2 ～ 2.5 m，宽度宜在 1.8 ～ 2.5 m。柱廊是以柱构成的廊式空间，是一个既有开放性，又有限定性的空间，能增加环境景观的层次感。柱廊一般无顶盖或在柱头上加设装饰构架，靠柱子的排列产生效果，柱间距较大，纵列间距 4 ～ 6 m 为宜，横列间距 6 ～ 8 m 为宜，柱廊多用于广场、居住区主入口处等。

（三）膜结构

张拉膜结构由于其材料的特殊性，能塑造出轻巧多变、优雅飘逸的建筑形态。作为标志建筑，应用于入口与广场上；作为遮阳庇护建筑，应用于露天平台、水池区域；作为建筑小品，应用于绿地中心、河湖附近及休闲场所。联体膜结构可模拟风帆海浪形成起伏的建筑轮廓线。

膜结构设计应适应周围环境空间的要求，不宜做得过于夸张，位置选择需避开消防通道。膜结构的悬索拉线埋点要隐蔽并远离人流活动区。

必须重视膜结构的前景和背景设计。膜结构一般为银白反光色，醒目鲜明，因此要以蓝天、较高的绿树，或颜色偏冷偏暖的建筑物为背景，形成较强烈的对比。前景要留出较开阔的场地，并设计水面，突出其倒影效果，也可结合泛光照明，营造出富于想象力的夜景。

（四）铺装（平面）

在现实中铺装是景观中不可或缺的一项内容，除了基本的保障通行的功能，更是提升档次、丰富空间效果的有效手段，但在快题设计中往往被人们所忽视。在较短时间内，大部分考生都无暇顾及铺装，更不会仔细揣摩铺装样式的搭配效果，殊不知，以小见大，越是细节越能体现设计者的设计能力。下面简单介绍几种常见的铺装样式，在快题设计中我们可以以此为鉴，类推出多种样式。

一封书 　 门字面 　 　 八件码 　 　 　 连环锦 　 　 　 包袱底 　 　 丹樨

在设计中不会只用到一种铺装，多种铺装的组合搭配也是需要注意的，应该把握这样一个原则，即铺装的种类不要过多，可以采用同种规格材料不同的铺装方法来解决拼贴方式单一的问题，这样做既可以使景观效果得到丰富，又在变化中得到了统一。

另外，在快题设计中还要注意图面效果，因为铺装的尺寸一般情况下都比较小，在正常比例下如果如实画出铺装，既烦琐又容易影响美观，因此我们可以适当放大比例，以求得较好的效果。最后要注意不同铺装材质之间要用双线分隔，即区分不同种类材质的同时又丰富了线型。

（五）停车位

机动车的停放方式与交通组织有以下几个方面。

1. 平行式停放：车辆停放平行于行车道，其特点是所需停车带较窄，车辆进出方便、迅速，但每个停车位占用的面积最多。

2. 垂直式停放：车辆停放垂直于行车通道，其特点是每个停车位占地最小，但停车带及通道占地较宽。

3. 斜列式停放：车辆与行车通道成30度、45度、60度停放，其特点是停车带宽度随停放角度而异，适应于场地受限制时采用。其车辆出入及停放均较方便，有利于迅速停放与疏散，但单位停车面积比垂直停车要多。

平行式停放 垂直式停放 斜列式停放

汽车位基本尺度参考下表。

（单位：m）

车型	平行式			垂直式			斜列式（45度）		
	W1	H1	C1	W2	H2	C2	W3	H3	C3
小客车	3.5	2.5	8	6	5.3	2.5	4.5	5.5	3.5
较重卡车	4.5	3.2	11	8	7.5	3.2	5.8	7.5	4.5
大客车	5	3.5	16	10	11	3.5	7	10	5

五、景观常用尺寸

1. 步行适宜距离：$L = 500.0$ m。

2. 负重行走距离：$L = 300.0$ m。

3. 正常目视距离：$L < 100.0$ m。

4. 心理安全距离：$L = 3.0$ m。

5. 谈话距离：$L > 0.70$ m。

6. 居住区道路：$W > 20.0$ m。

7. 小区路：$W = 6.0 \sim 9.0$ m。

8. 组团路：$W = 3.0 \sim 5.0$ m。

9. 宅间小路：$W > 2.50$ m。

10. 园路、人行道、坡道宽：$W = 1.20$ m。

11. 尽端式道路的长度：L < 120.0 m，尽端回车场 S > 12.0 m。

12. 楼梯踏步，室内：H < 0.15 m，W > 0.26 m；室外：H = 0.12 ~ 0.16 m，W = 0.30 ~ 0.35 m。

13. 可坐踏步：H = 0.20 ~ 0.35 m，W = 0.40 ~ 0.60 m。台阶长度超过 3 m 或需改变攀登方向的地方，应在中间设置休息平台，平台：W < 1.20 m。

14. 居住区道路最大纵坡：i < 8%；园路最大纵坡：i < 4%。

15. 自行车专用道路最大纵坡：i < 5%；轮椅坡道一般：i = 6%；i < 8.5%；人行道纵坡：i < 2.5%。

16. 无障碍坡道高度和水平长度，坡度一般为 1 : 20、1 : 16、1 : 12、1 : 10、1 : 8；最大高度（m）：1.50、1.00、0.75、0.60、0.35；平长度（m）：30.00、16.00、9.00、6.00、2.80。

17. 室外座椅（具）：H = 0.38 ~ 0.40 m，W = 0.40 ~ 0.45 m，单人椅：L = 0.60 m 左右；双人椅：L = 1.20 m 左右；三人椅：L = 1.80 m 左右；靠背倾角：100° ~ 110° 为宜。

18. 扶手：H = 0.90 m（室外踏步级数超过了 3 级时）；残障人轮椅使用扶手：H = 0.68 m/0.85 m；栅栏竖杆的间距：W < 1.10 m。

19. 路缘石：H = 0.10 ~ 0.15 m。

20. 水篦格栅：W = 0.25 ~ 0.30 m。

21. 车挡：H = 0.70 m；间距 = 0.60 m。

22. 墙柱间距：3 ~ 4 m；一般近岸处水宜浅（0.40 ~ 0.60 m）；面底坡缓（1／3 ~ 1／5）；

23. 低栏杆：H = 0.2 ~ 0.3 m；中栏杆：H = 0.8 ~ 0.9 m；高栏杆：H = 1.1 ~ 1.3 m。

24. 亭：H = 2.40 ~ 3.00 m，W = 2.40 ~ 3.60 m，立柱间距 = 3.00 m 左右。

25. 廊：H = 2.20 ~ 2.50 m，W = 1.80 ~ 2.50 m。

26. 棚架：H = 2.20 ~ 2.50 m，W = 2.50 ~ 4.00 m，L = 5.00 ~ 10.00 m。

27. 立柱间距＝2.40～2.70 m。柱廊：纵列间距＝4～6 m，横列间距＝6～8 m。

28. 机动车停车车位指标大于50个时，出入口不得少于2个。机动车停车车位指标大于500个时，出入口不得少于3个。出入口之间净距须大于10 m，出入口宽度不得少于7 m，服务半径＜150.0 m。

第三章　范图评析

一、平面图

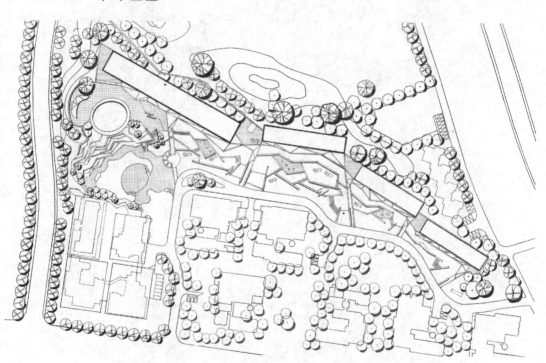

　　当道路或者边界呈自由曲线时，为了贴合其形态，可以采用连续折线的手法，将毫无规律的曲线有机地转化为直线，从而使形态更加契合。

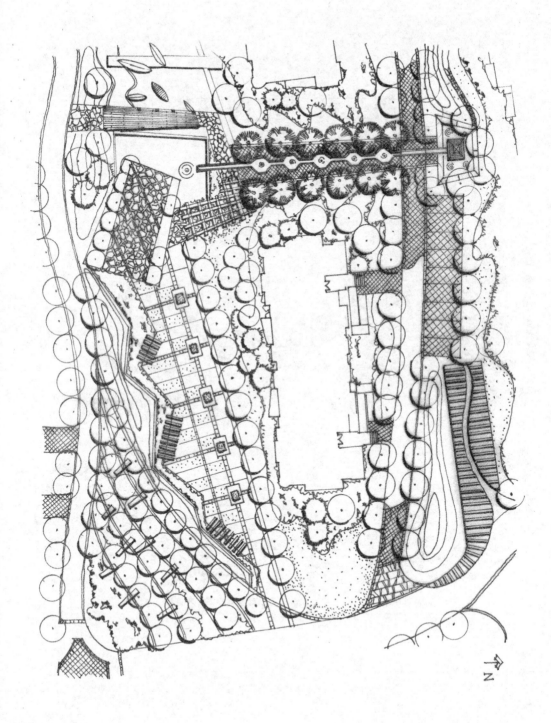

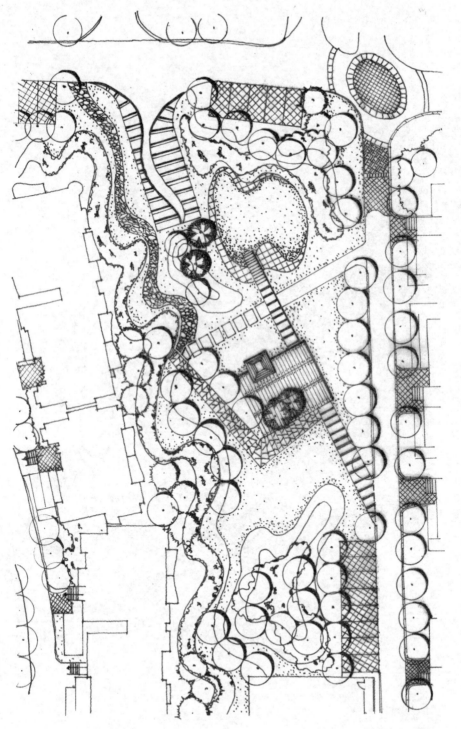

居住区景观中，建筑的边界平直硬朗，可以用曲线绿化的方式加以过渡，使空间更加柔和。

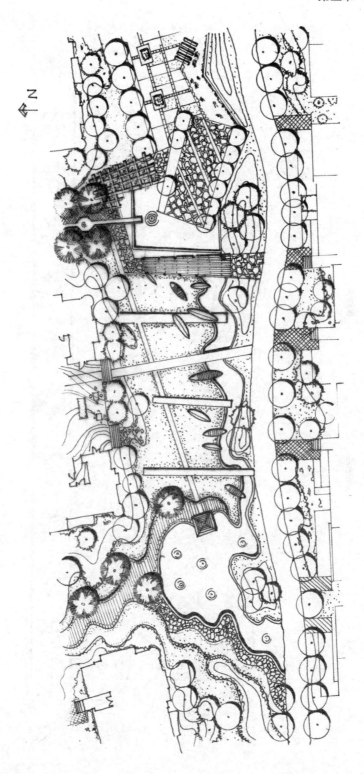

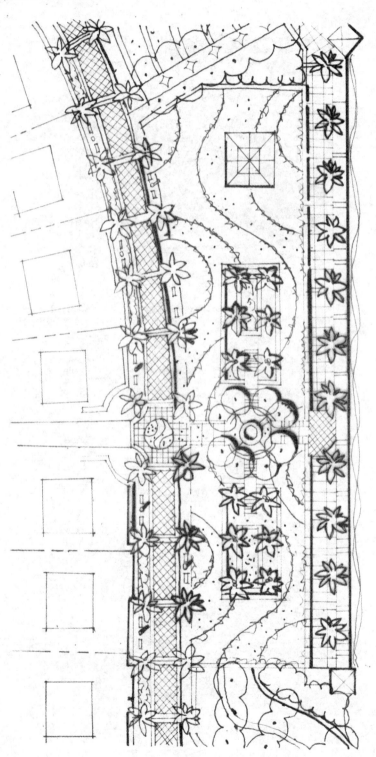

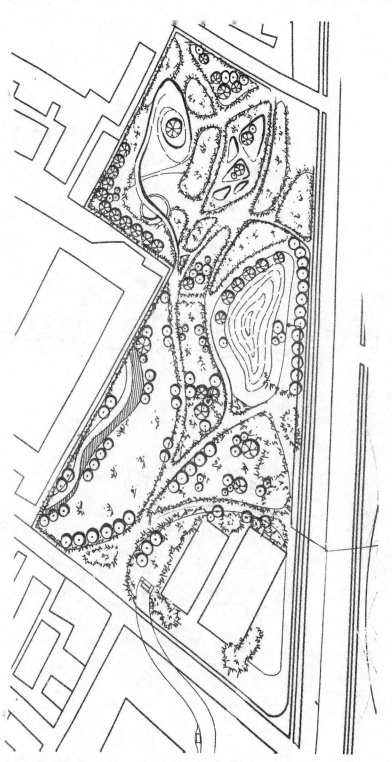

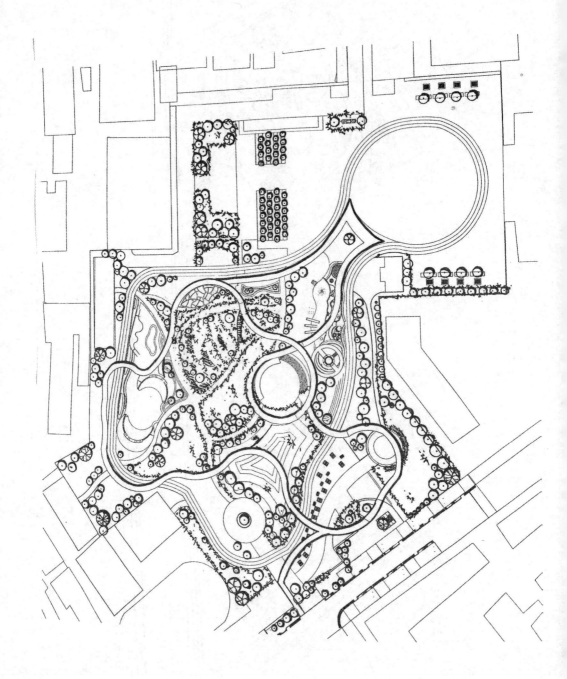

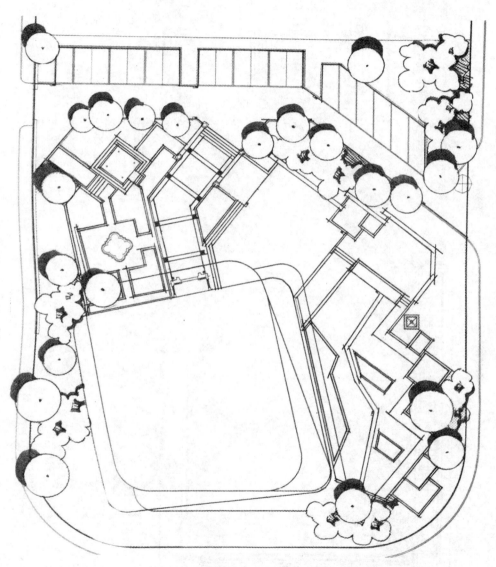

遇到不规则基底时，可以顺势做贴合其外边界的景观形态，这更能与基底贴合。

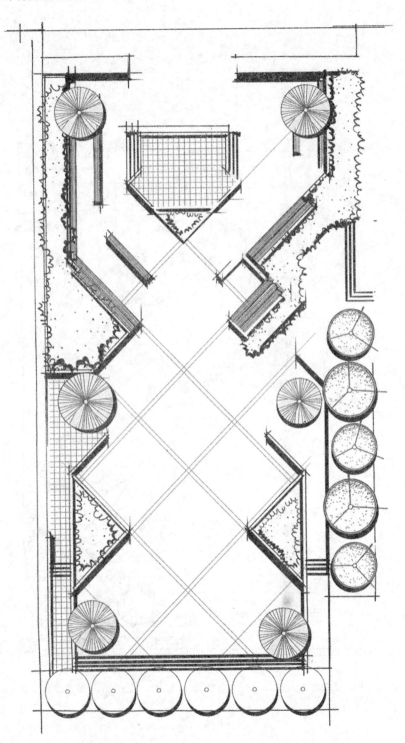

按照同一模数进行组合变化也可以形成形态丰富的构成形态，景观形态的构成要有一定的模式和规律，点与点相对、线与线相对，类似于建筑柱网的结构柱。

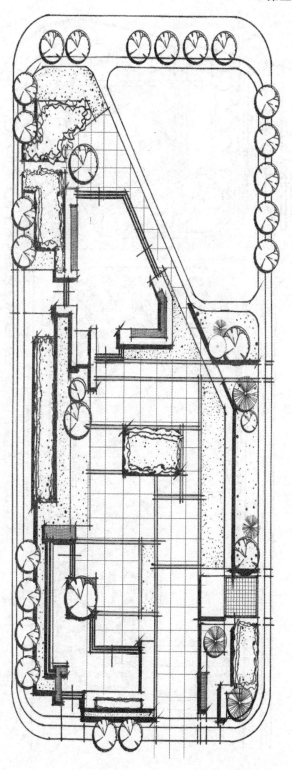

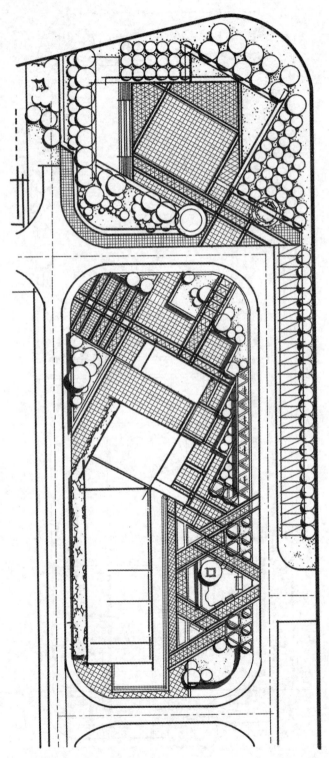

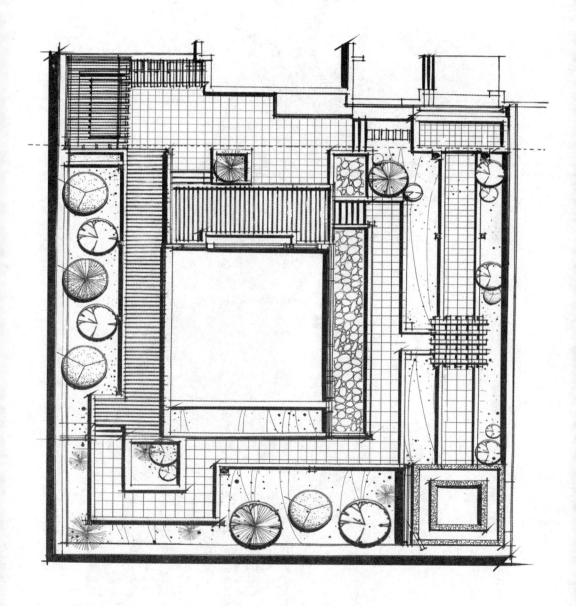

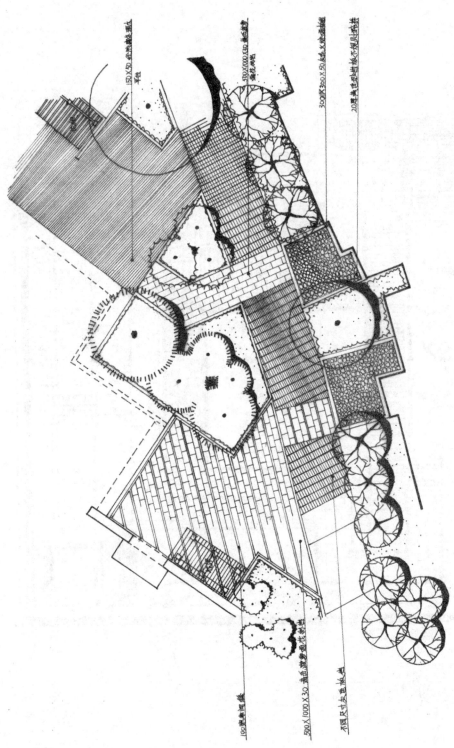

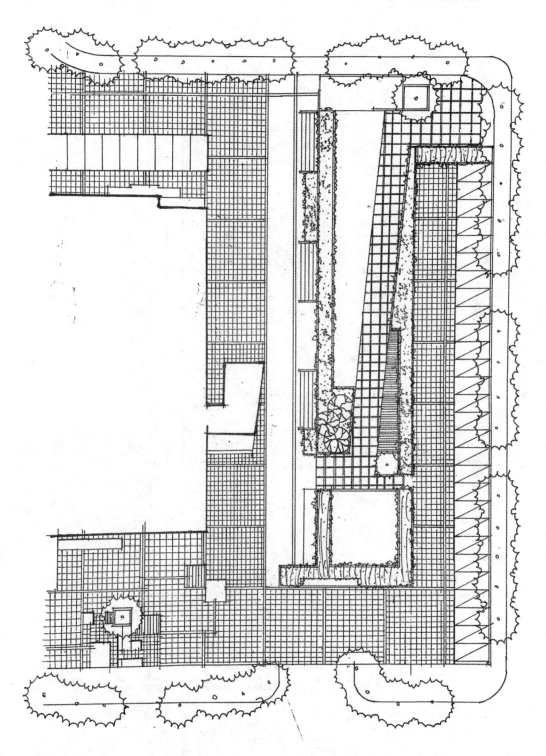

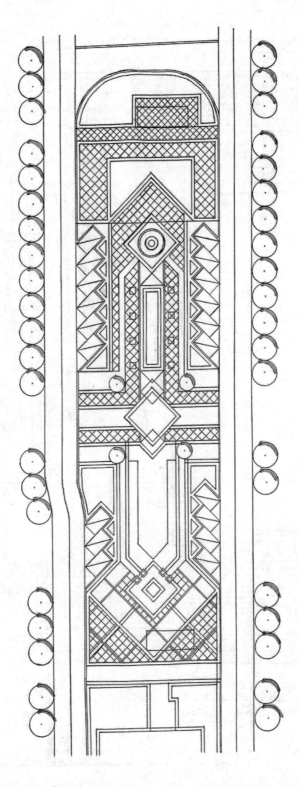

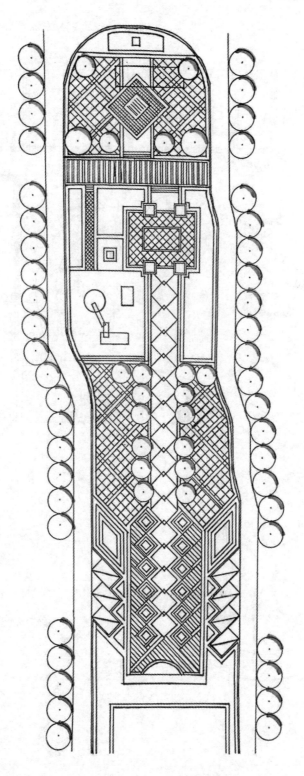

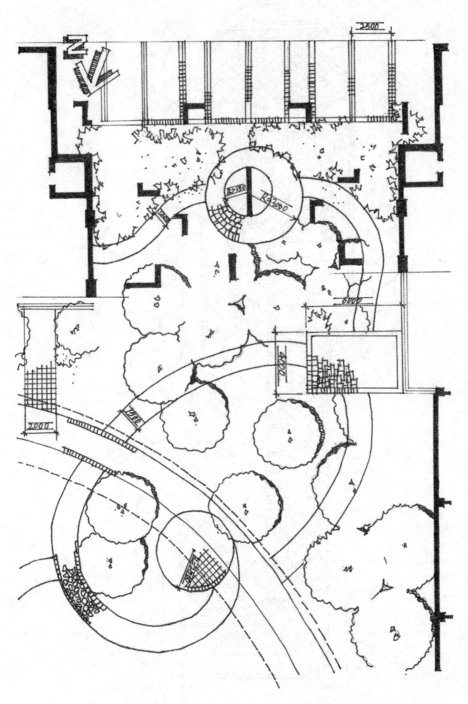

几何形态的弧线和自由曲线是一对好伙伴，两者可以毫无痕迹地结合。

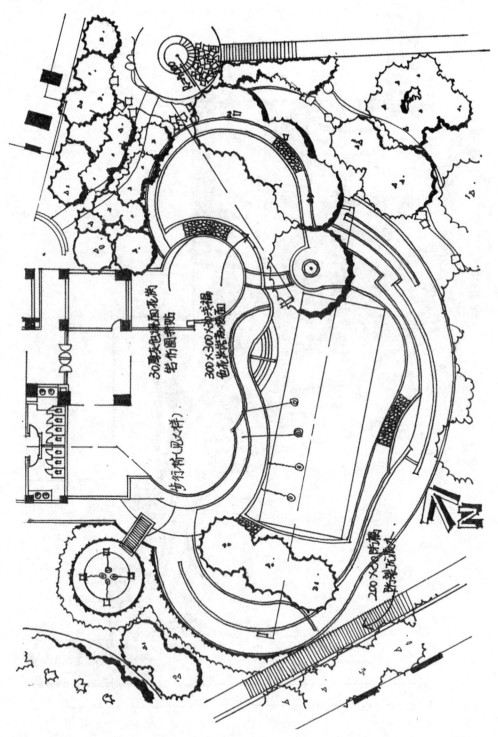

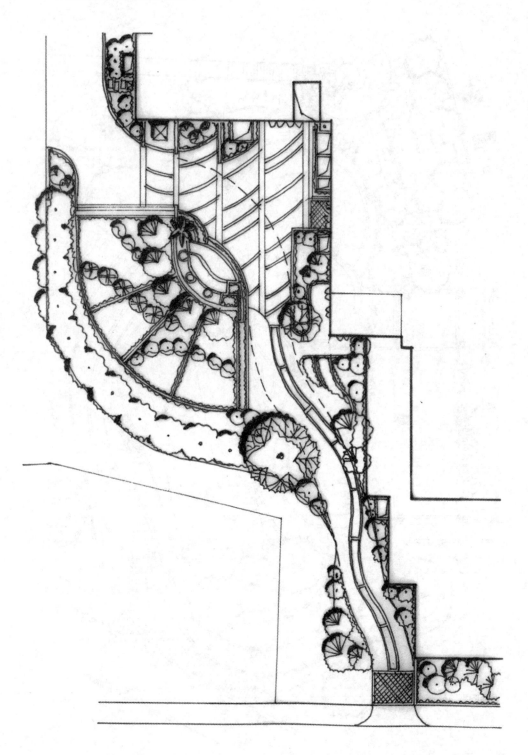

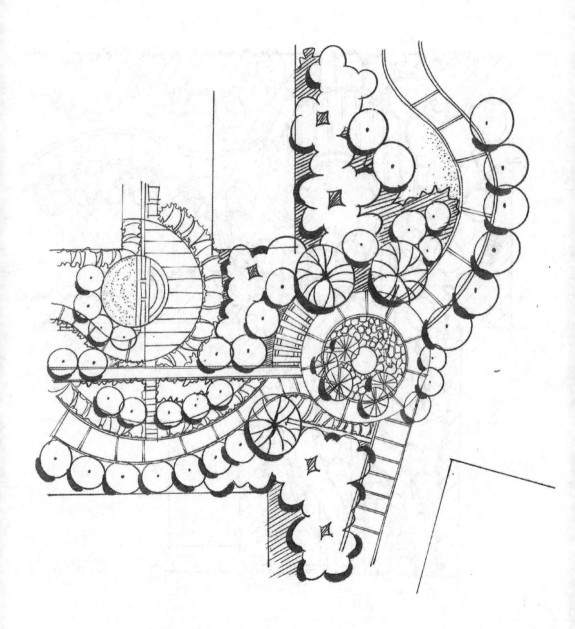

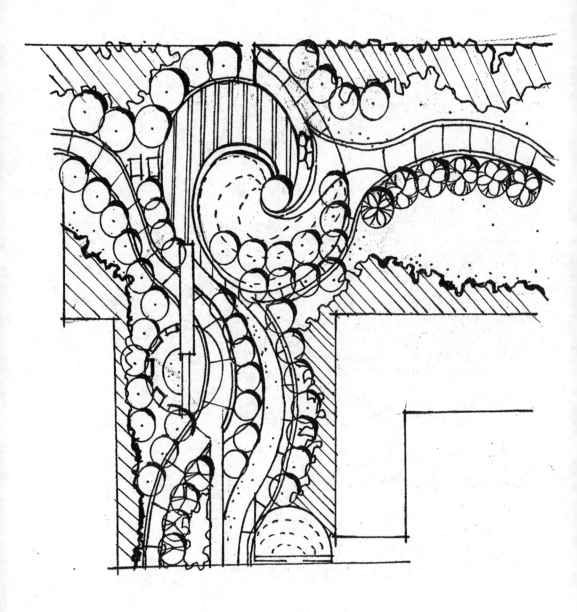

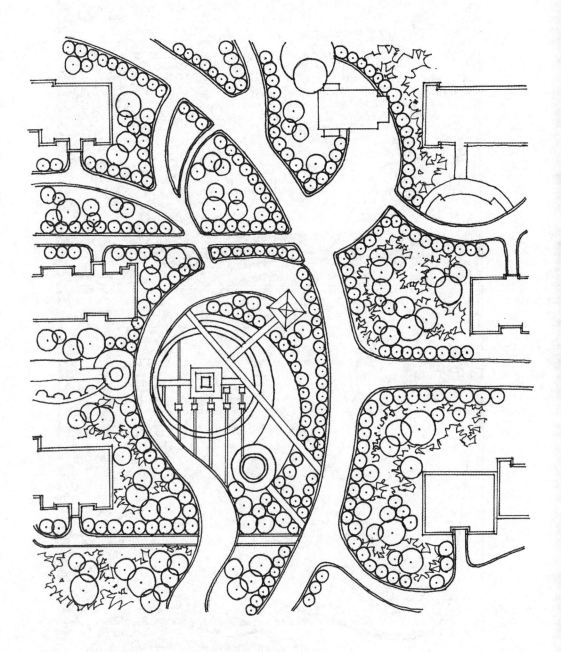

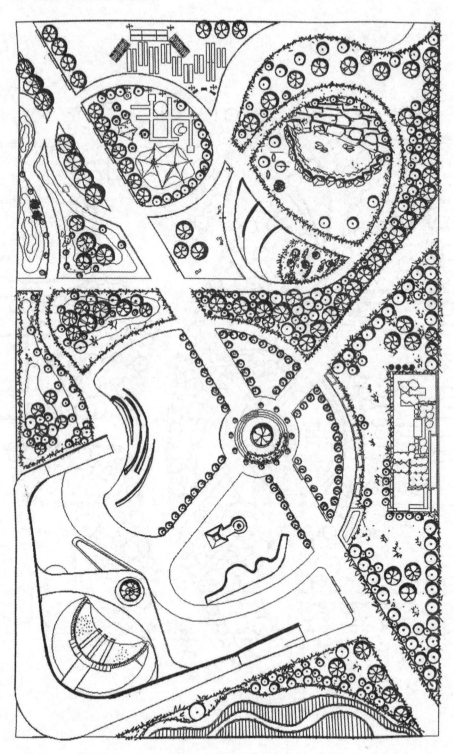

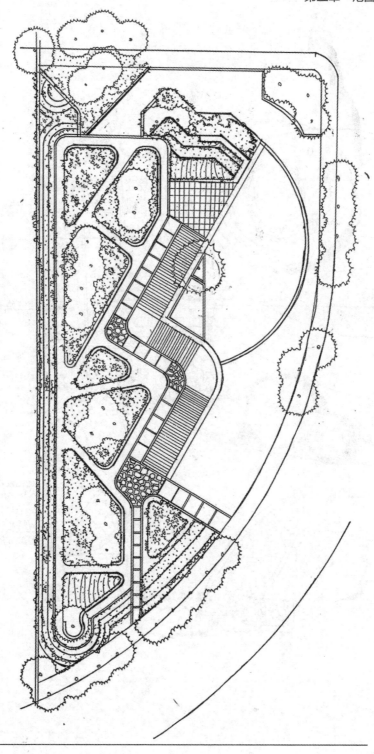

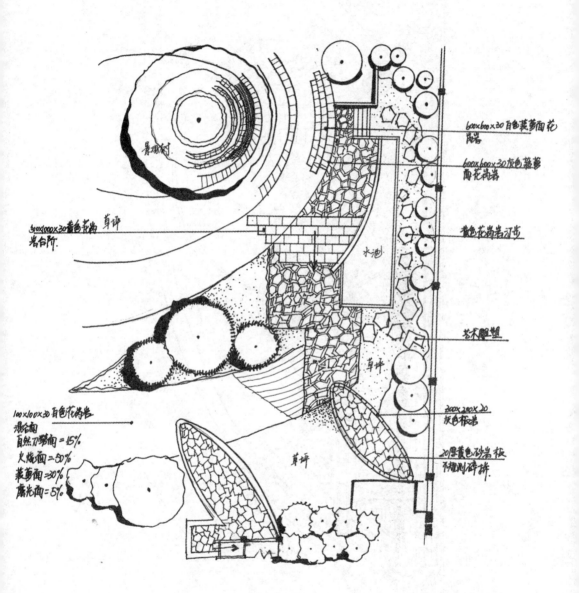

景观树

300x1000x30黄色花岗岩台阶. 草坪

100x100x20白色花岗岩
烧毛面
自然劈裂面=15%
火烧面=50%
装饰面=30%
磨光面=5%

600x600x30白色装饰面花岗岩

600x600x30灰色装饰面花岗岩

黄色花岗岩汀步

水池

草坪

艺术雕塑

草坪

300x300x20灰白花岗岩

草坪

20厚黄色砂岩板不规则碎拼.

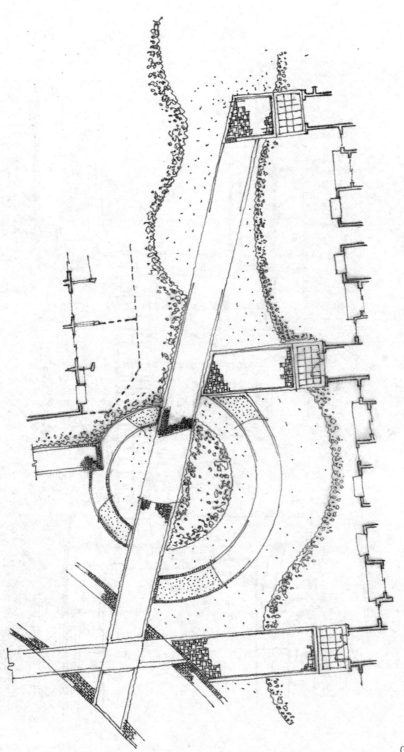

道路与节点结合时一定要有规律，道路中心线可以穿过圆心。

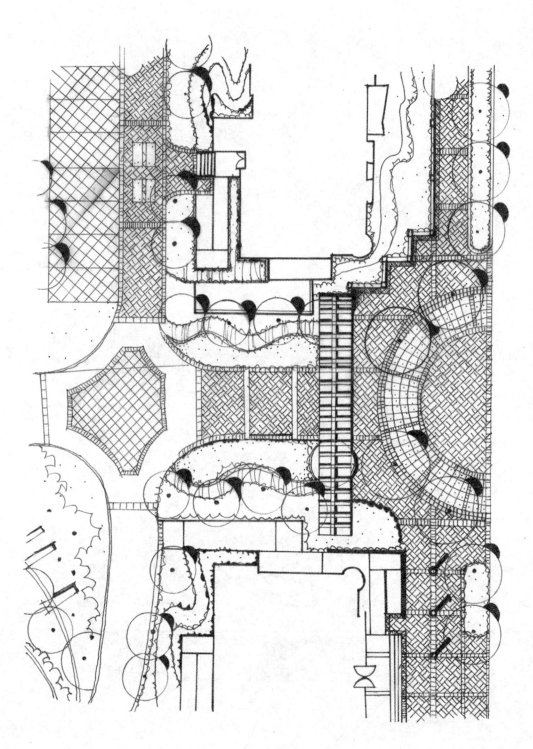

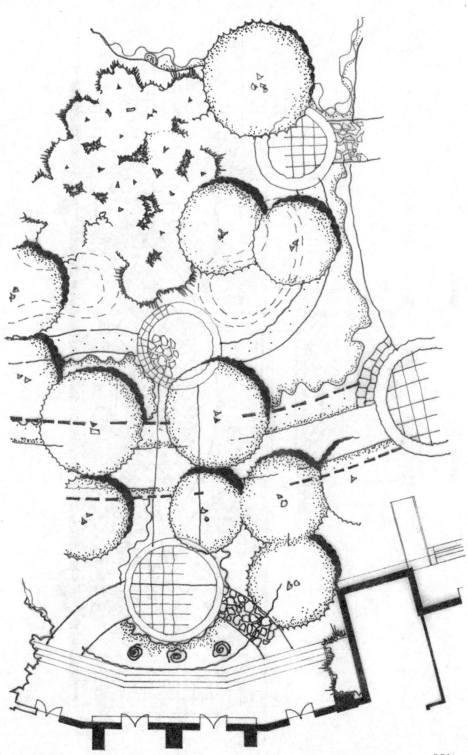

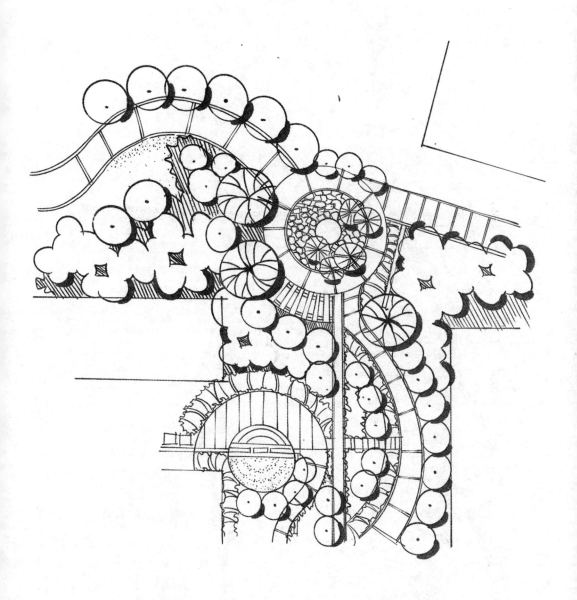

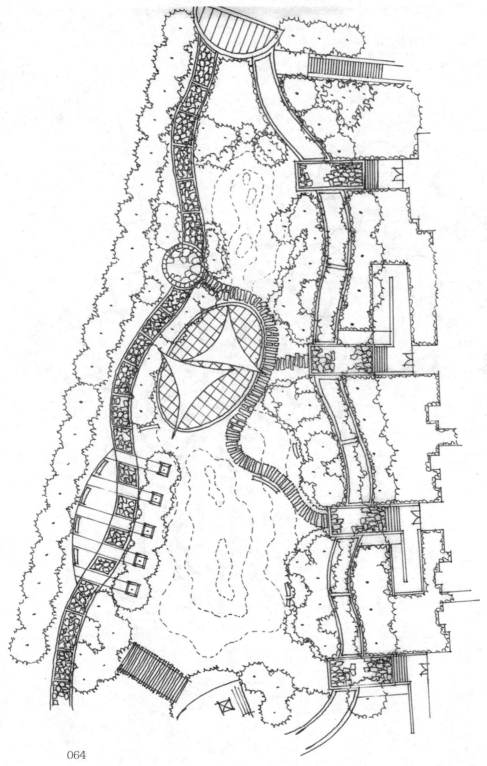

自由曲线与直线结合时，直线应尽量与之垂直，避免出现锐角。

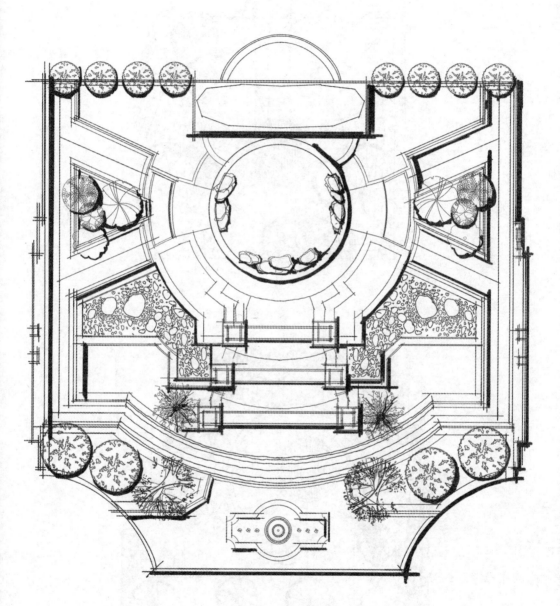

设计以圆形为主题的方案时，最常用的手法就是同心圆与射线的结合。
以同心圆圆心为基点向外发散多条射线，形成丰富的景观形态。

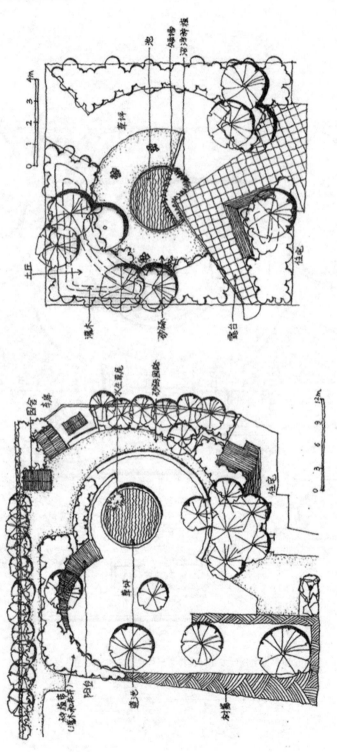

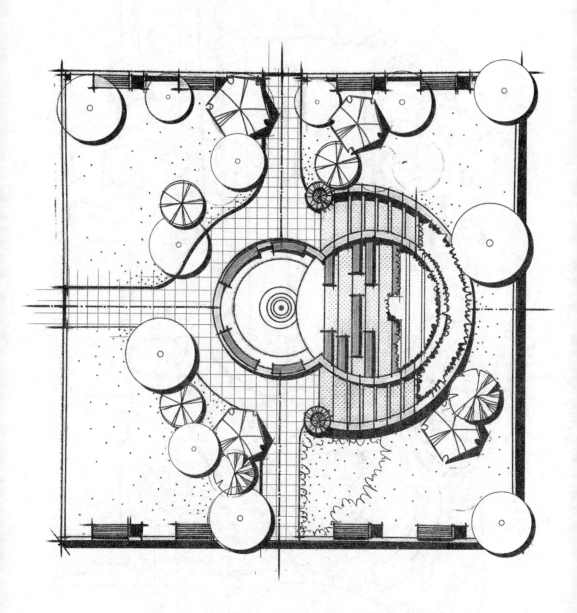

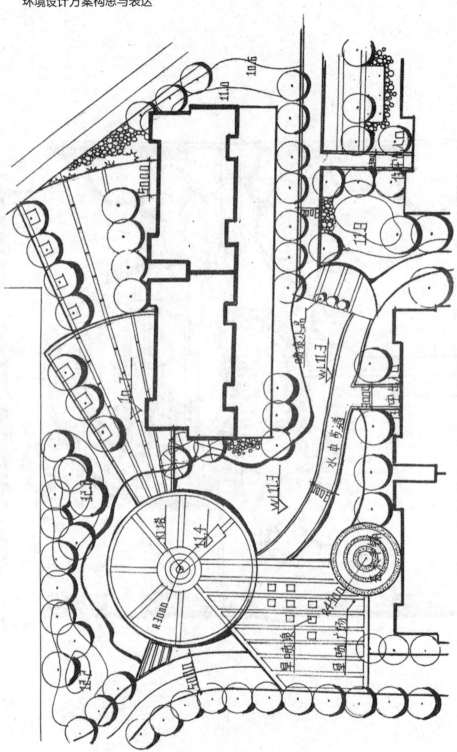

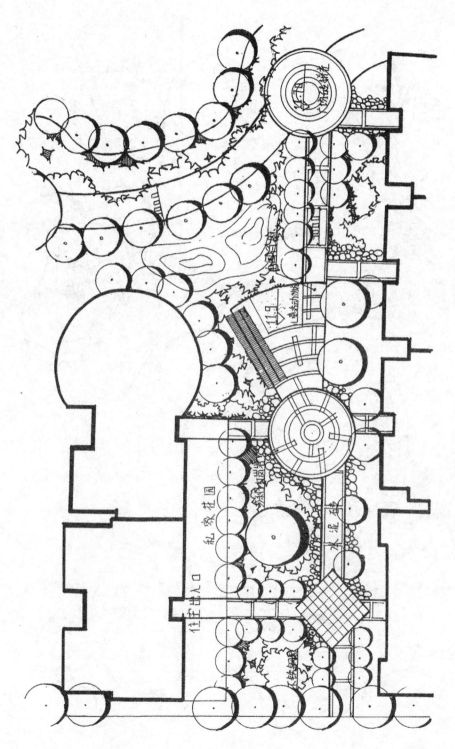

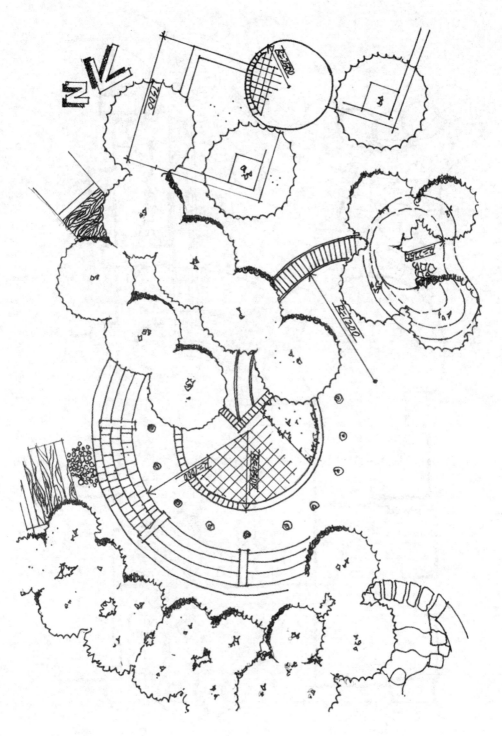

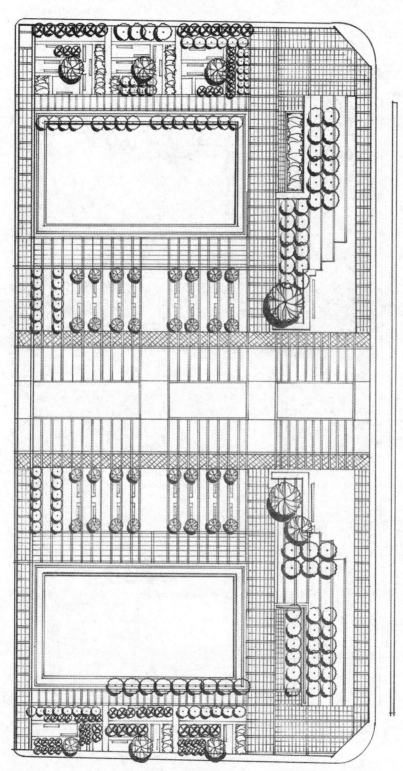

设计广场类场地时，应避免设计大面积同种规格的石材满铺，根据空间功能细分场地很重要。

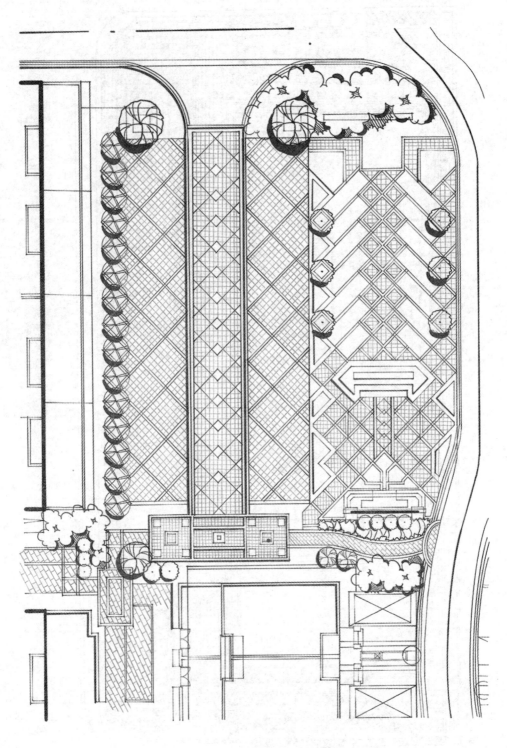

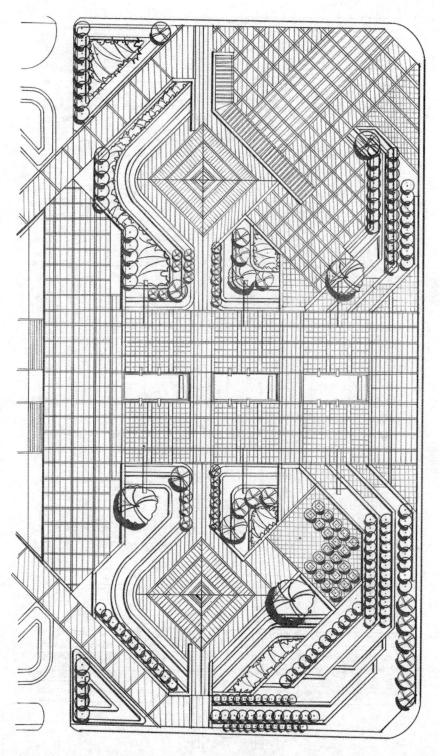

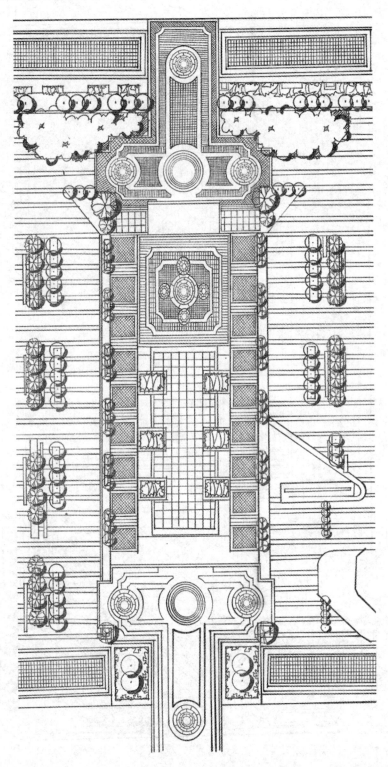

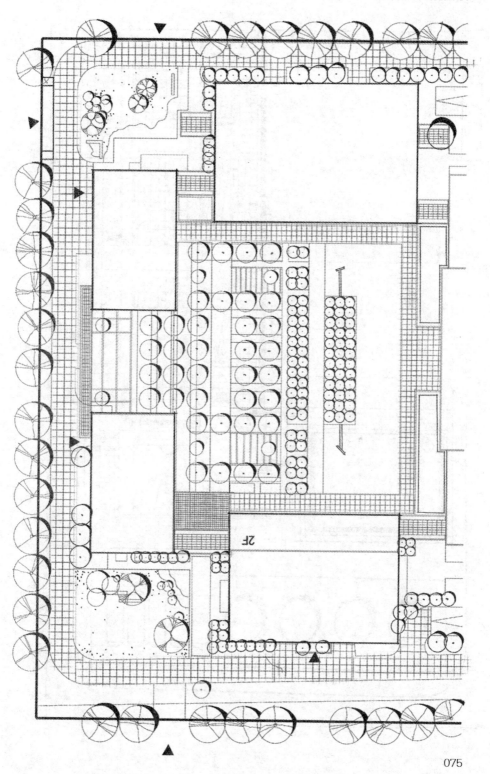

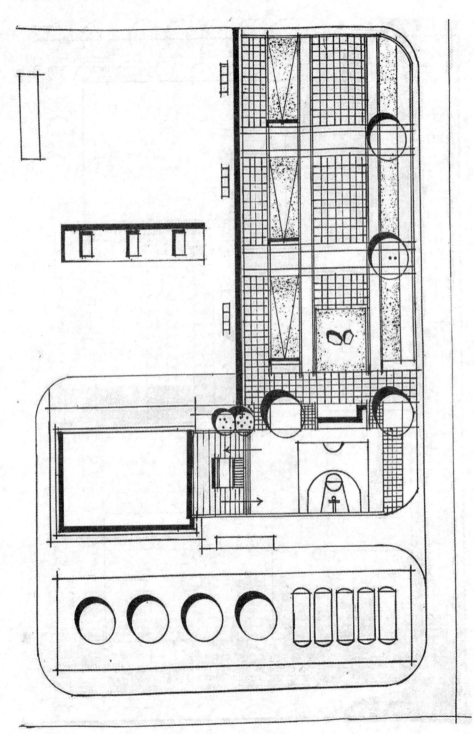

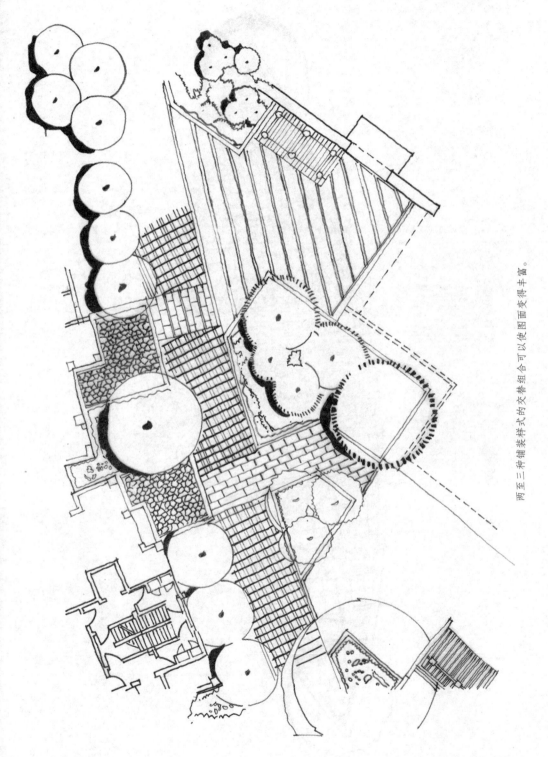

两至三种铺装样式的交替组合可以使图面变得丰富。

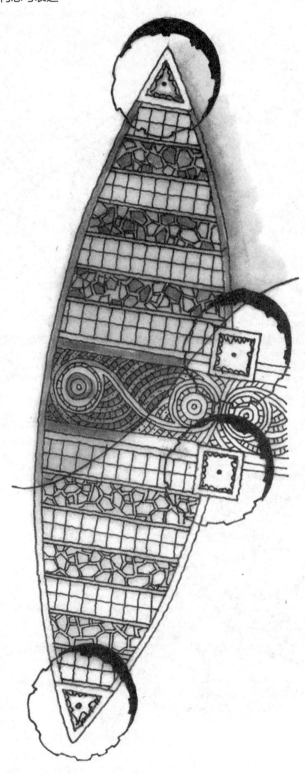

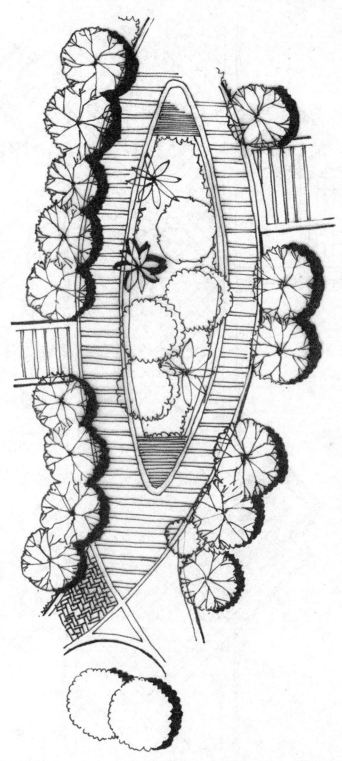

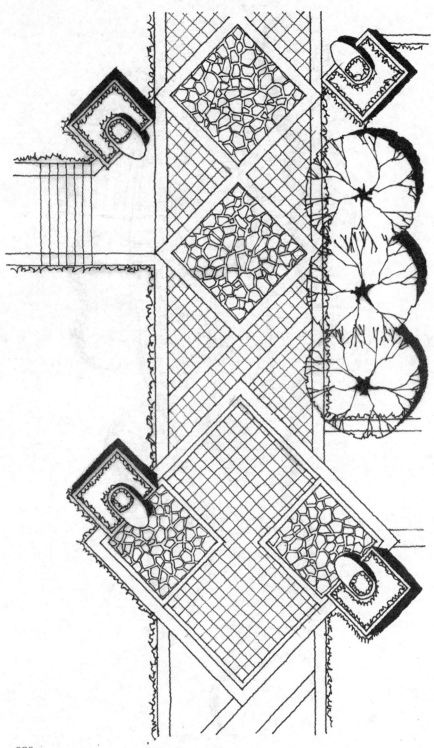

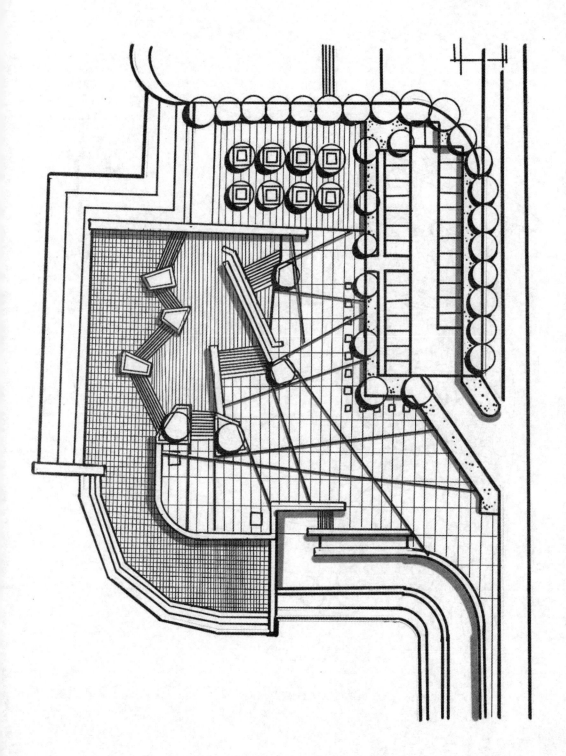

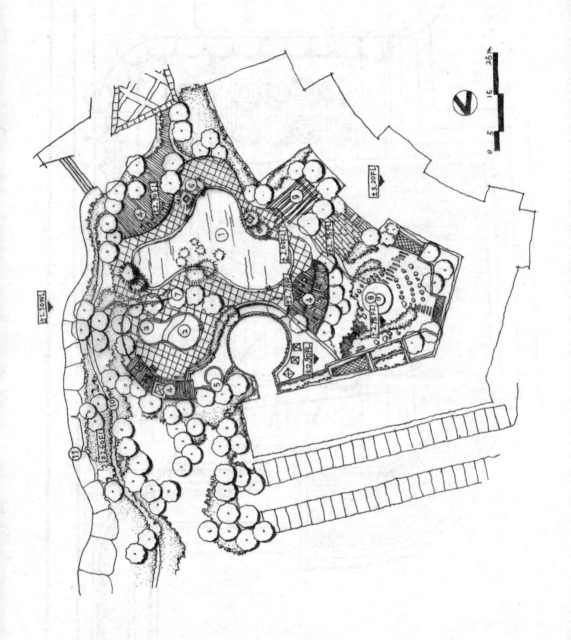

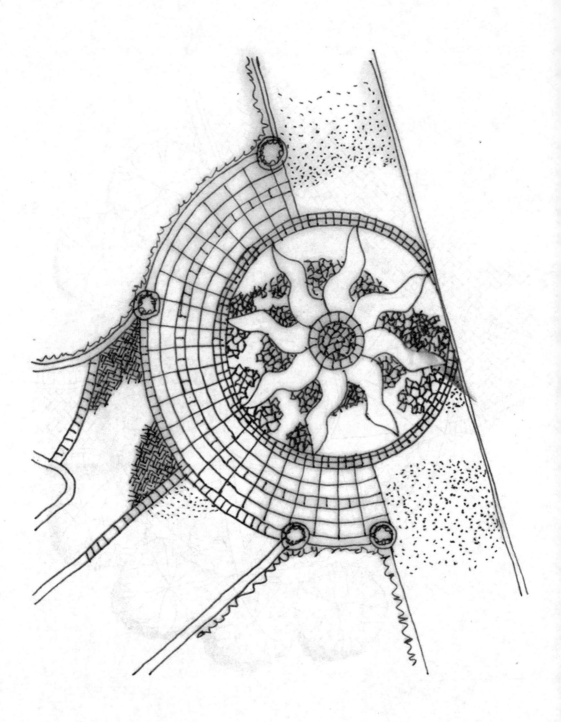

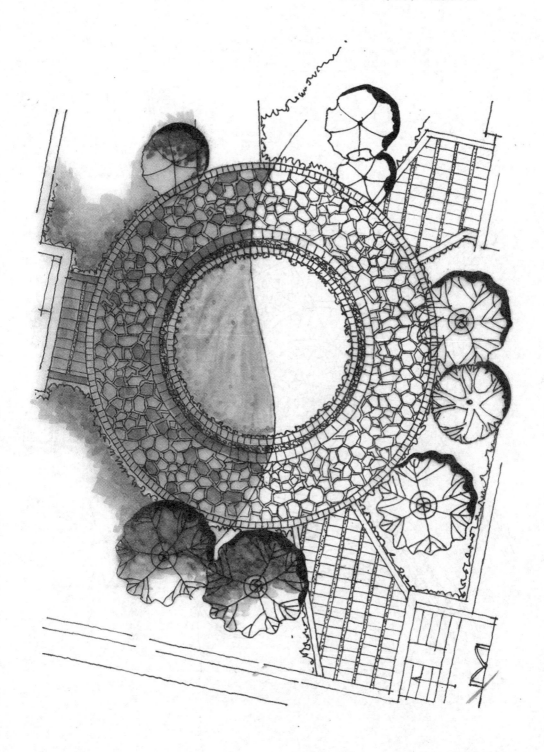

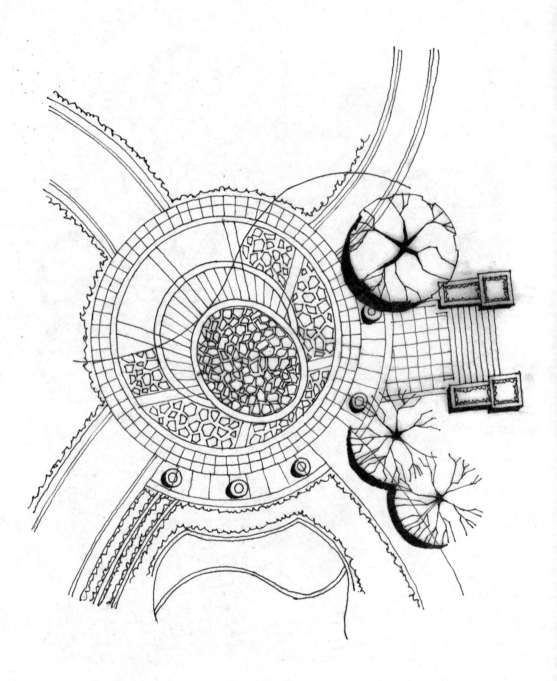

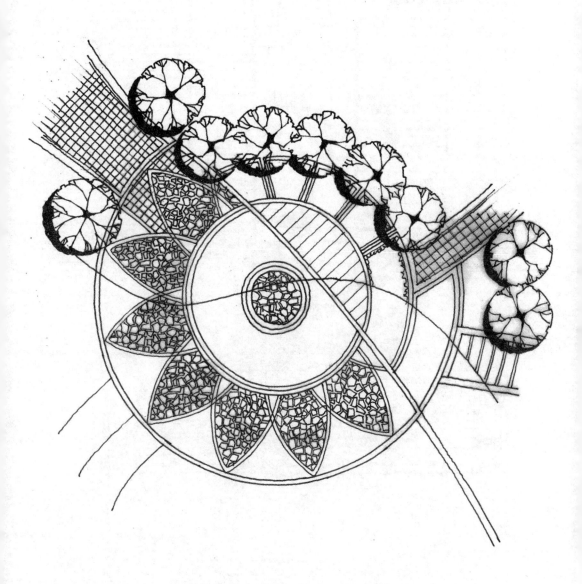

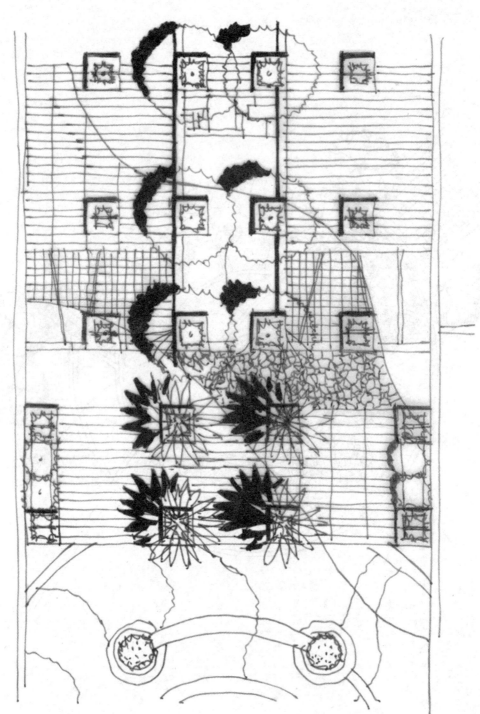

成列的绿植可以作为强调轴线的有效手段。

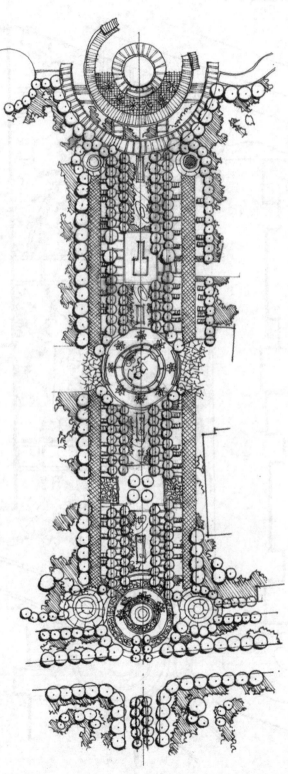

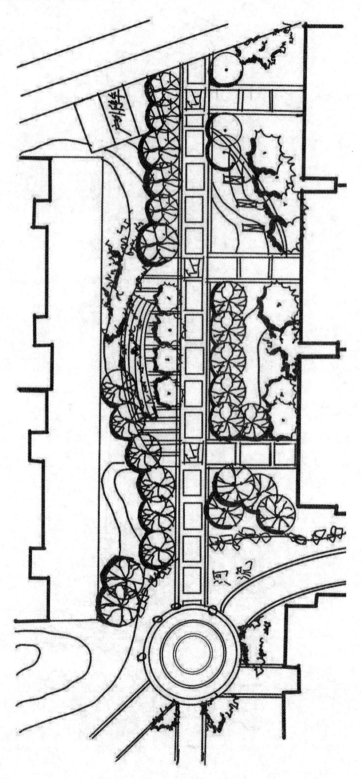

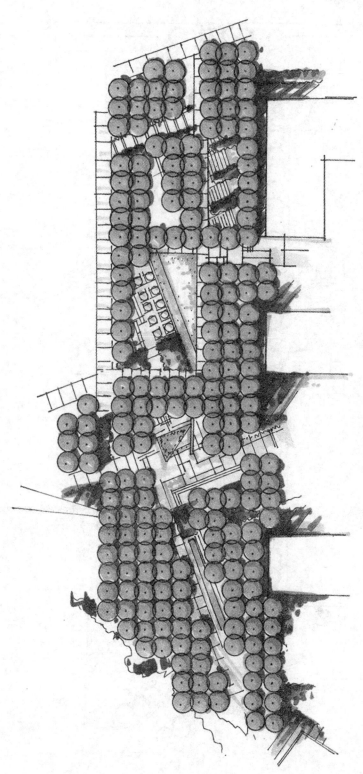

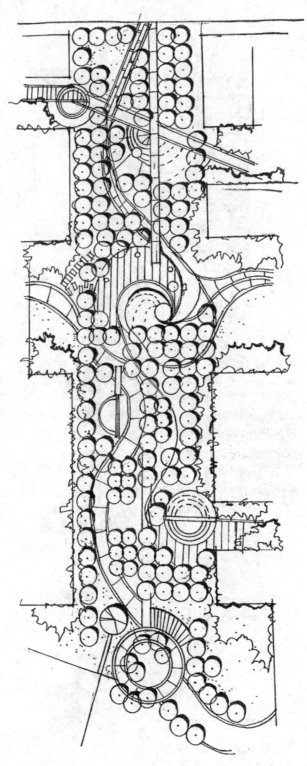

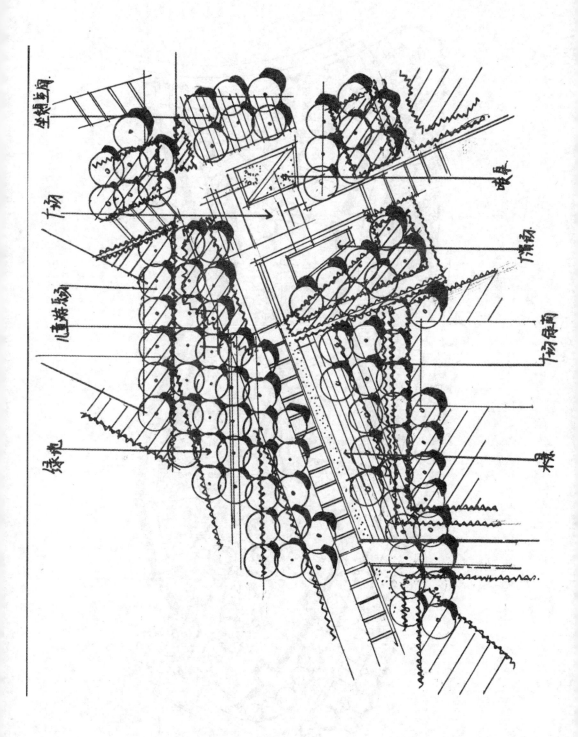

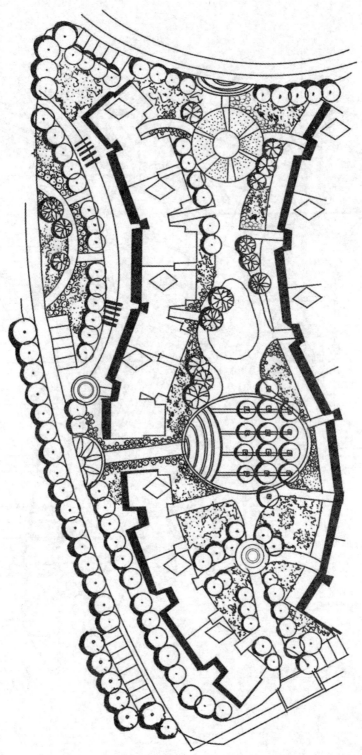

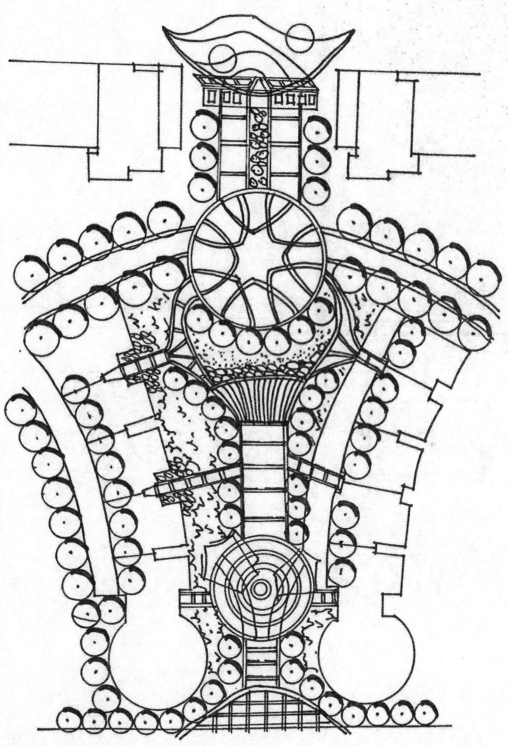

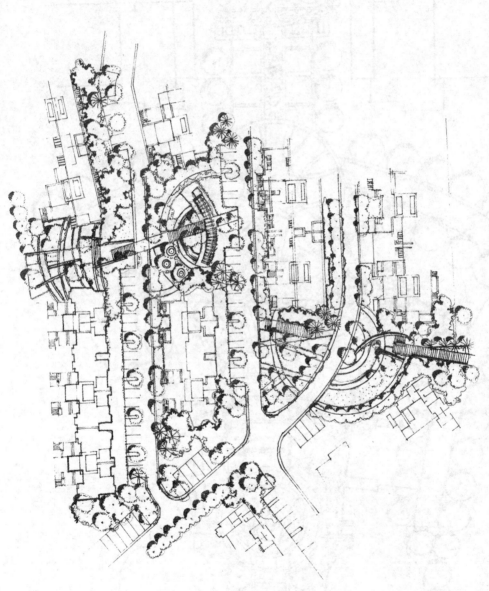

当所设计的景观形态被道路打破时，不要受其影响，可以继续连贯地延伸下去。

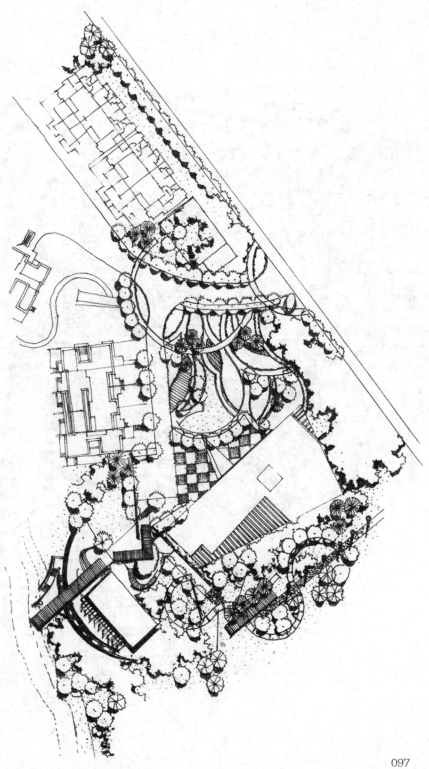

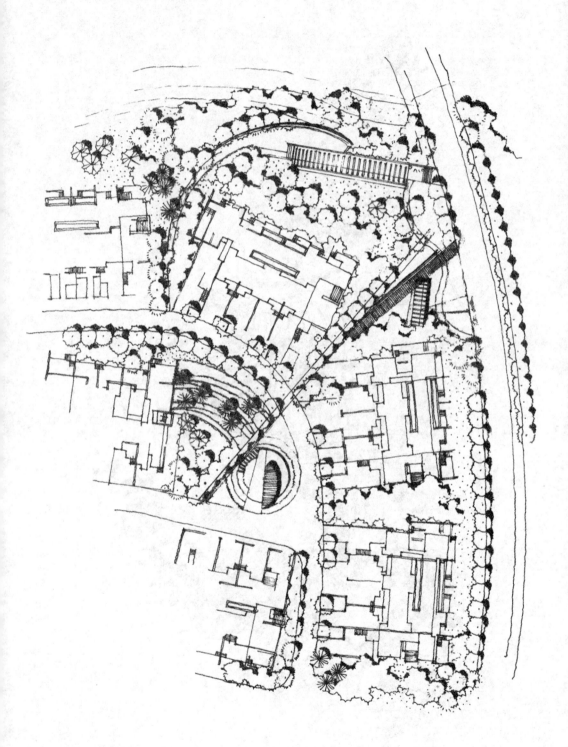

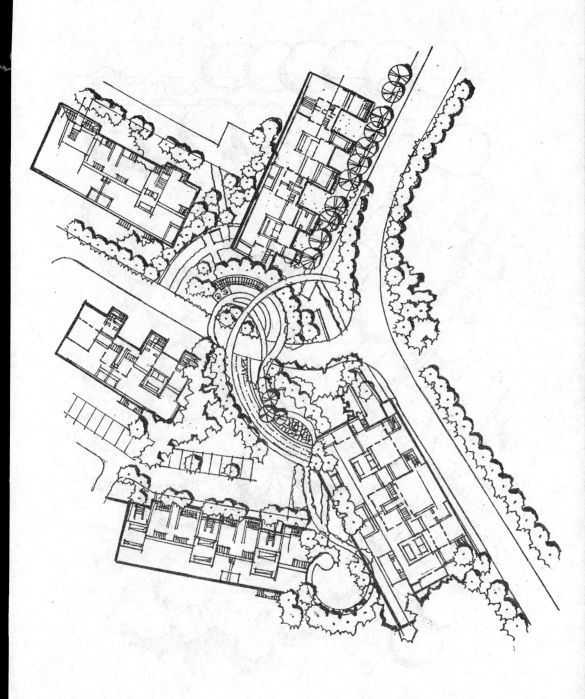

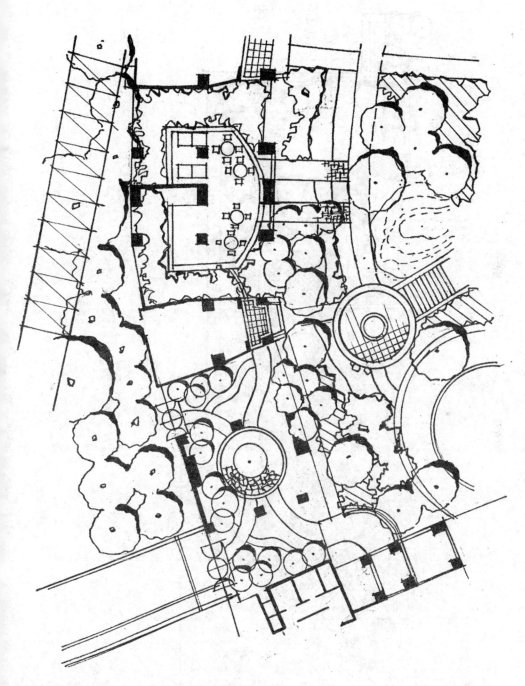

圆形与矩形搭配时可以依靠几何曲线进行连接，过渡会显得更加自然。

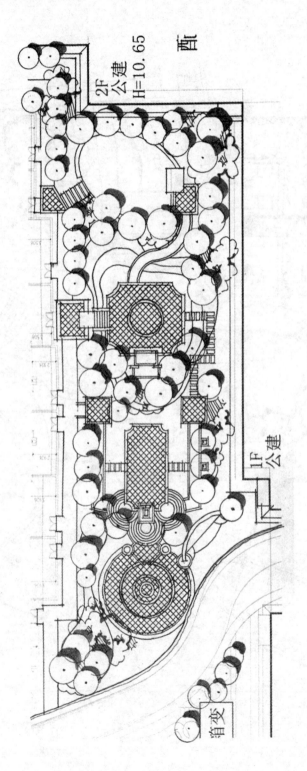

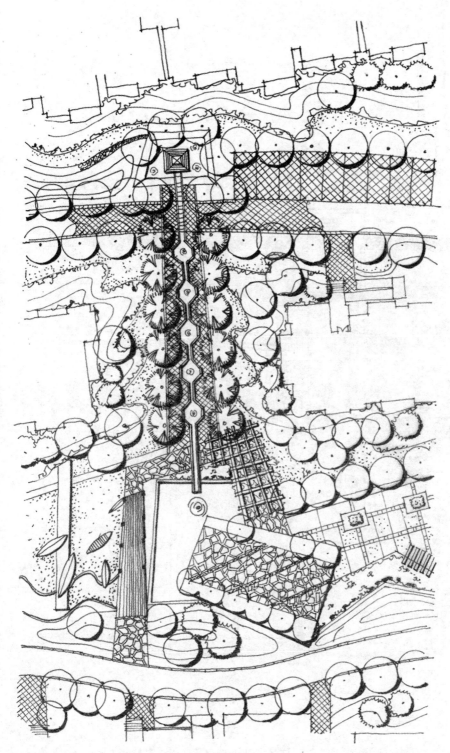

同一种形态元素通过旋转、缩放、重叠后可以作出既统一又变化多端的景观空间效果。

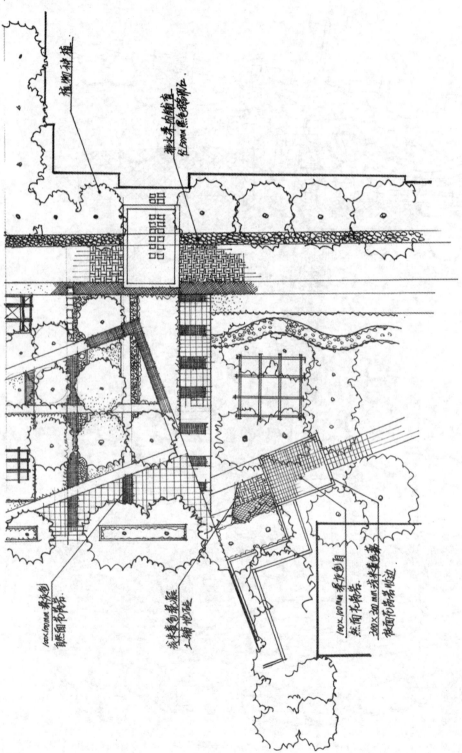

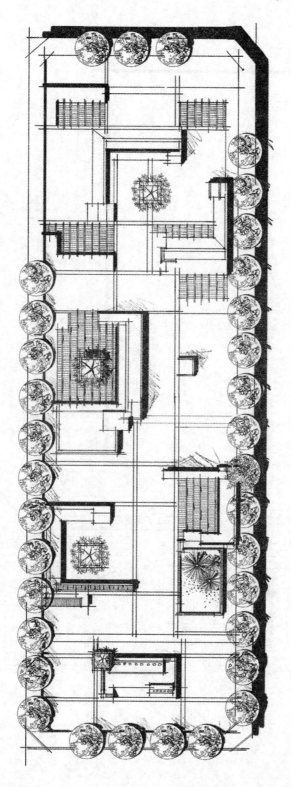

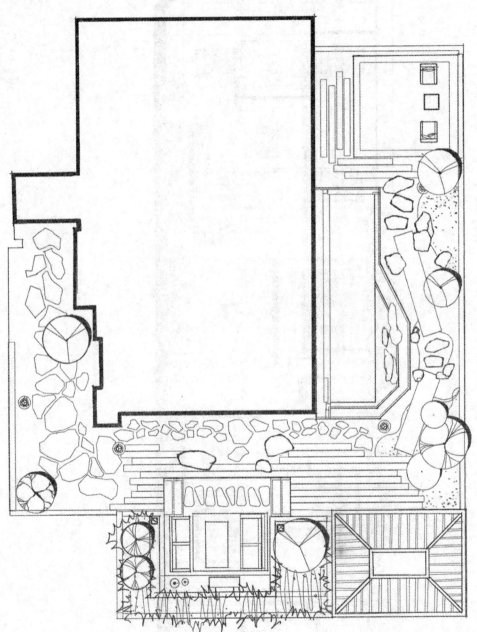

小庭院景观虽然面积不大但变化丰富，同一地形可以有多种设计可能。

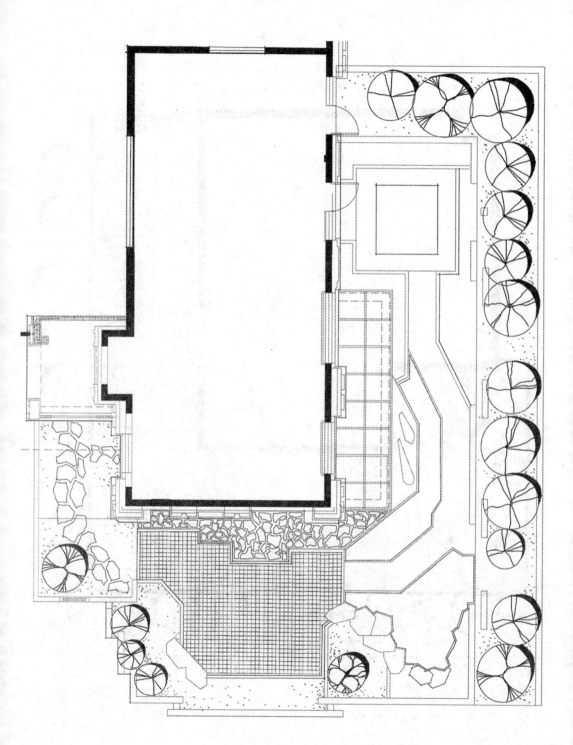

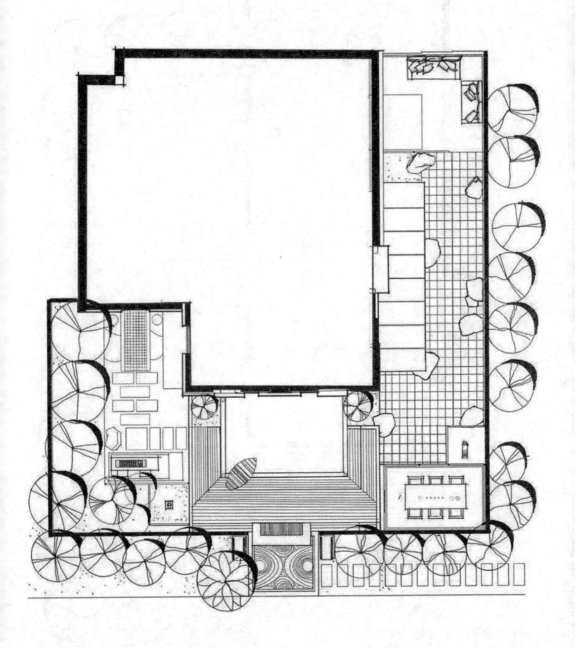

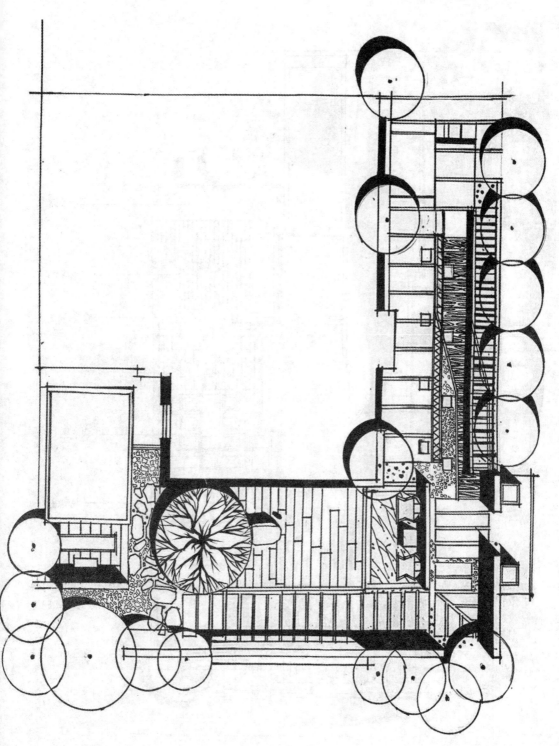

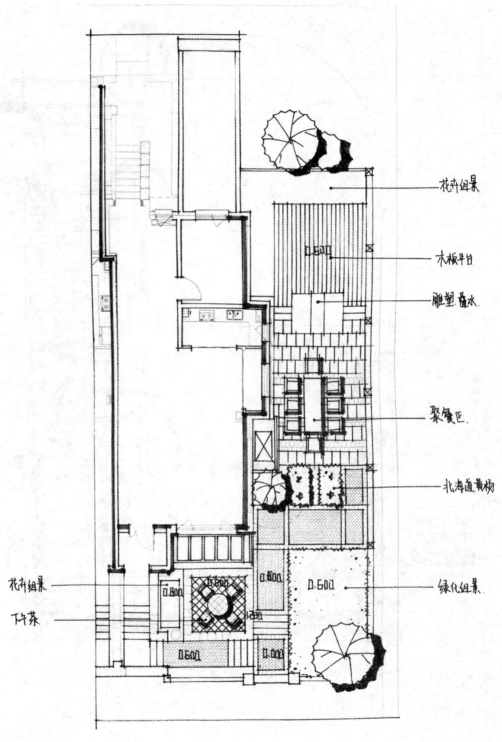

花卉组景

木板平台

雕塑.叠水.

聚餐区.

北海道黄杨

绿化组景.

花卉组景

下午茶

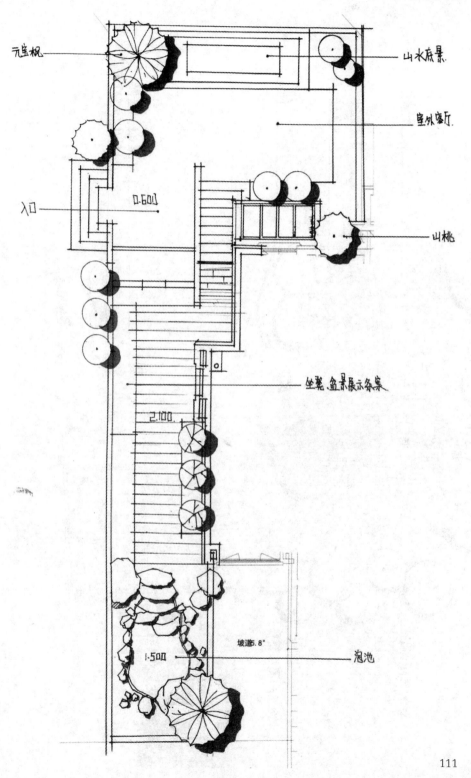

元宝枫

山水庭景.

室外客厅.

入口

0.600

山桃

坐凳、盆景展示条案

2.100

坡道5.8°

1.500

泡池

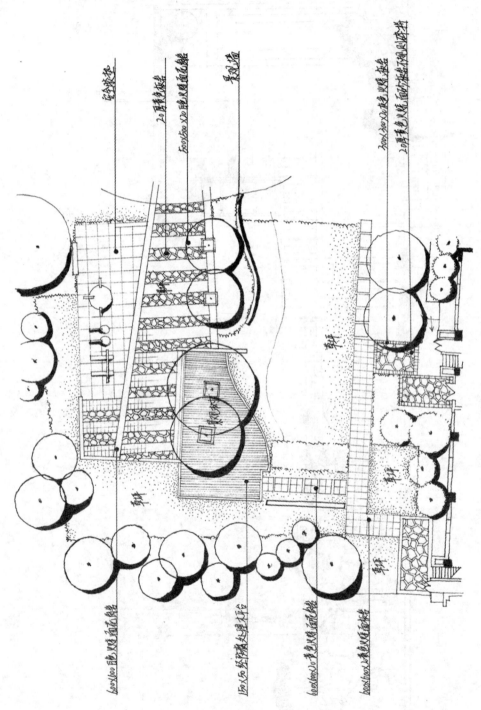

平面图显得过于单调往往是由于细节处理得不够细腻，同样一种铺装可以变换多种规格进行组合，使其变得丰富。

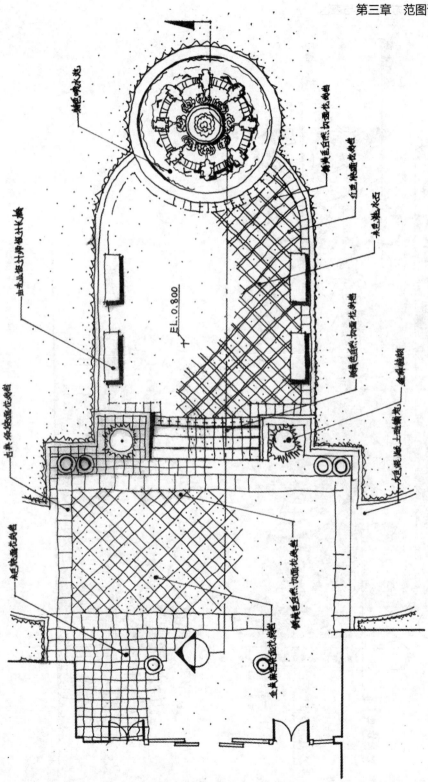

圆弧与圆弧或圆弧与直线相交时，应考虑其交叉角度不要过小，避免出现锐角的情况。

113

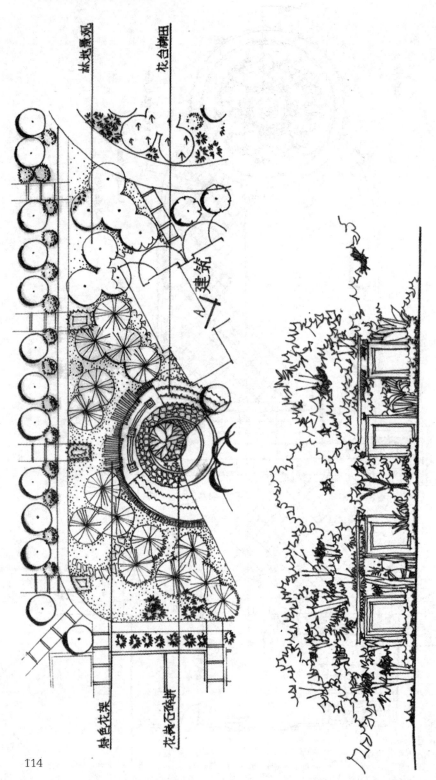

林地景观

花台梯田

A 建筑

特色花架

花岗石碎拼

道路转角处可以以转弯半径的圆心为基准做圆形形态的节点，可以有效缓解直角所带来的生硬感。

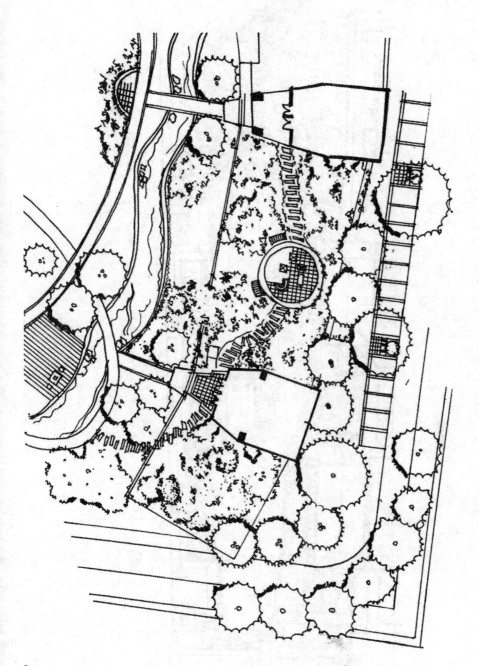

连接节点的道路可以是旱汀步，既随意自然又有所变化。

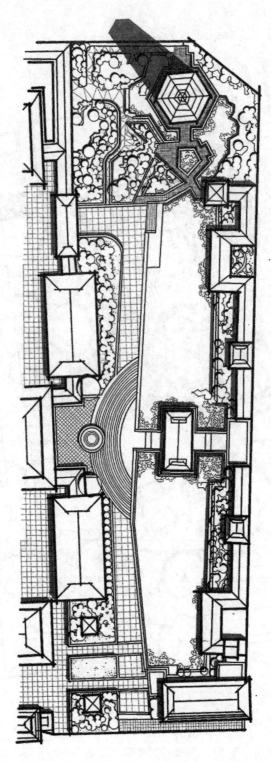

不同铺装交界处应由其他材质铺装来收边，同理，景观水体与小桥也可以通过放置景石来完成过渡。

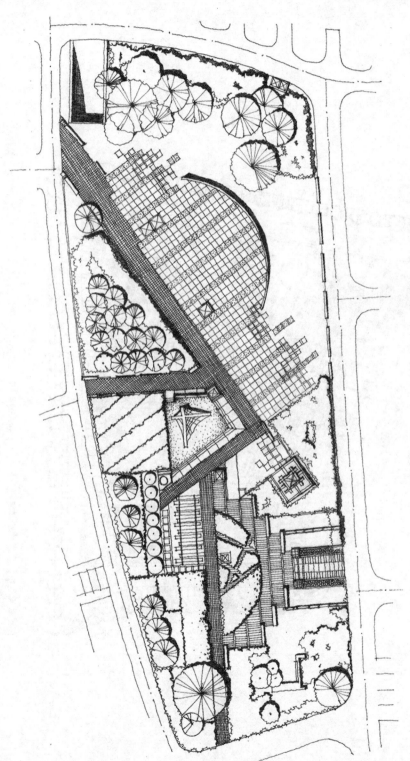

为了避免铺装与草地交接处过硬，可以将铺装打散逐渐过渡。

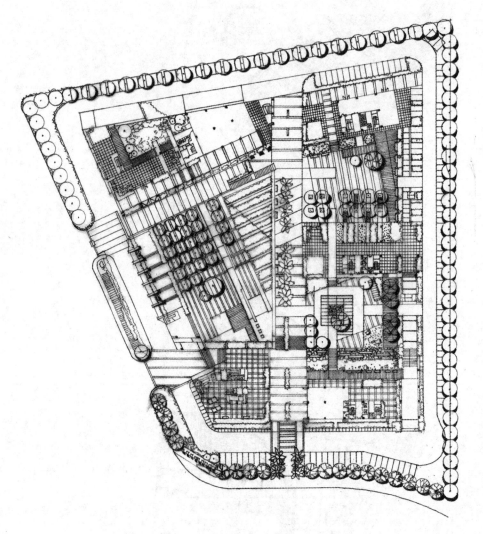

在图面表达中，墨线的节奏感也是影响效果的关键一环，通过铺装、绿植、水体等元素形成疏密相间的整体。

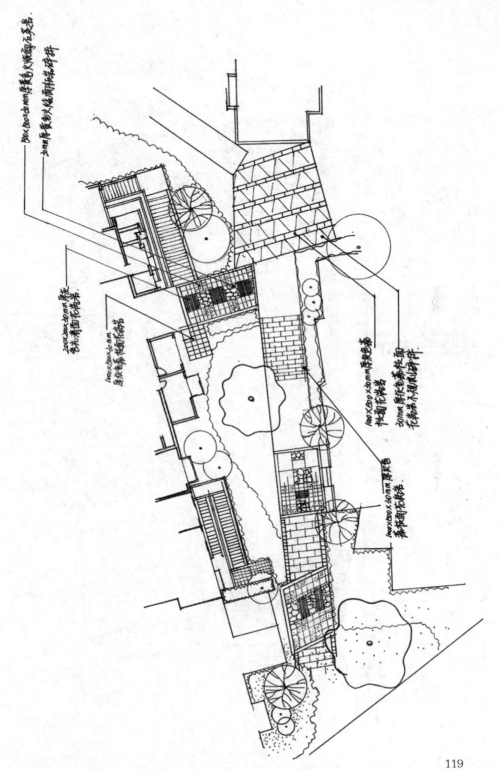

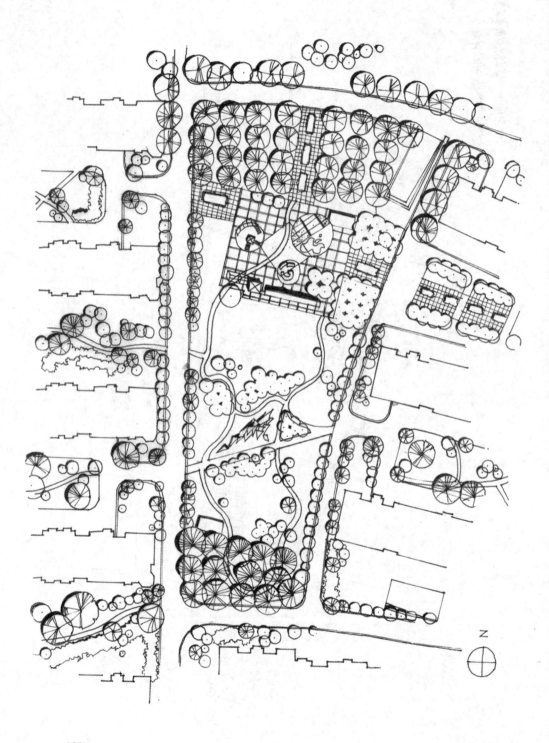

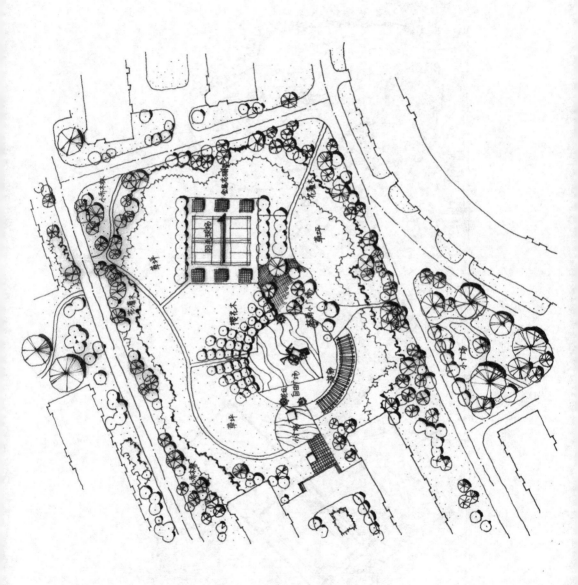

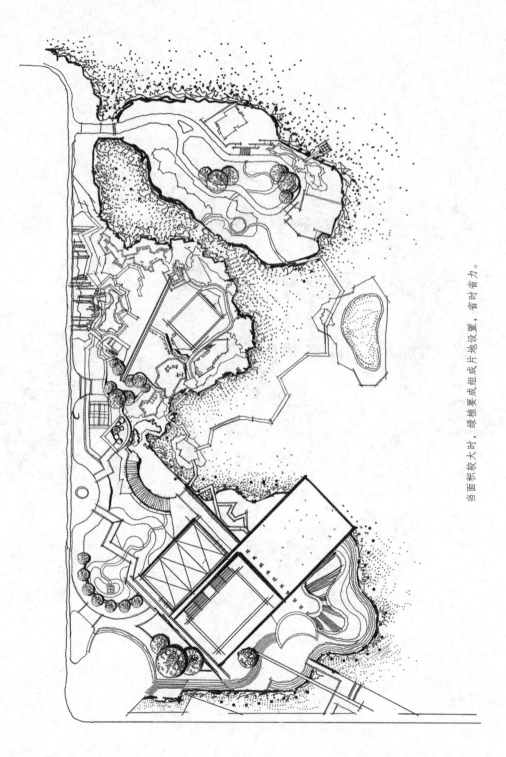

当面积较大时，绿植要组成成片地设置，省时省力。

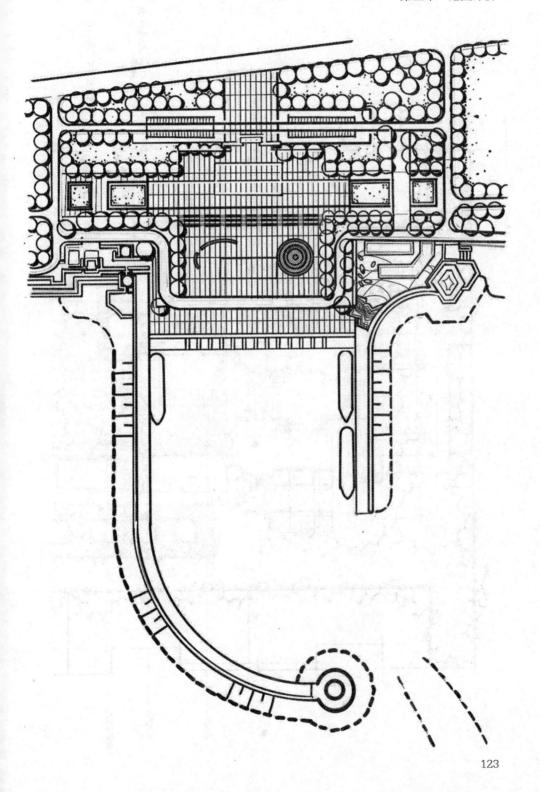

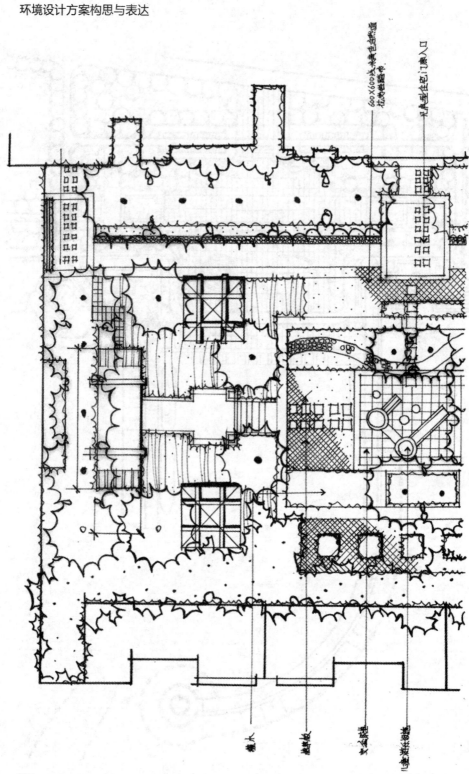

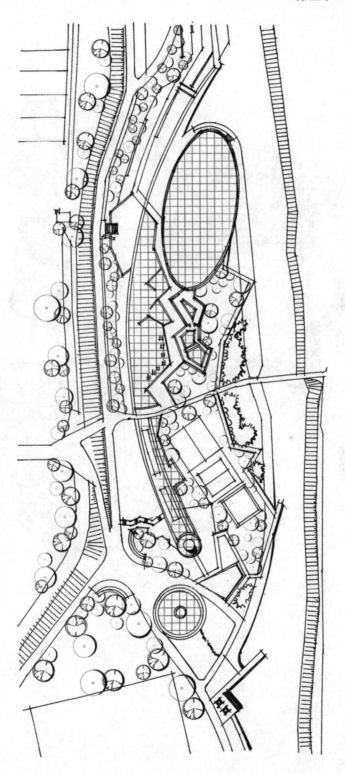

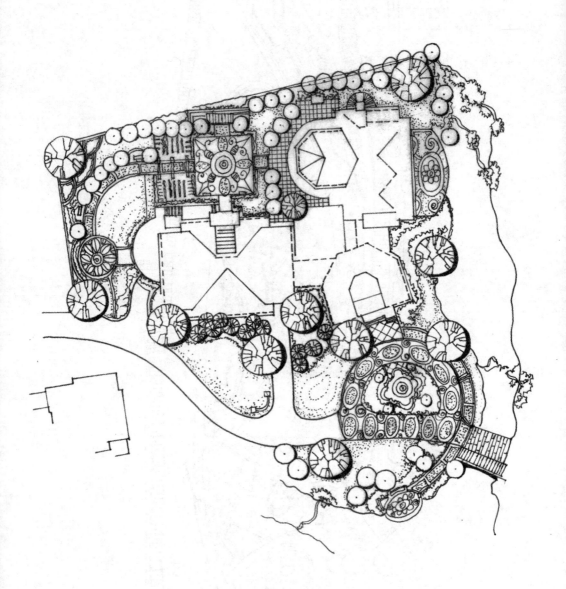

平面上色或者纯墨线时应该适当留白，使画面具有透气感。

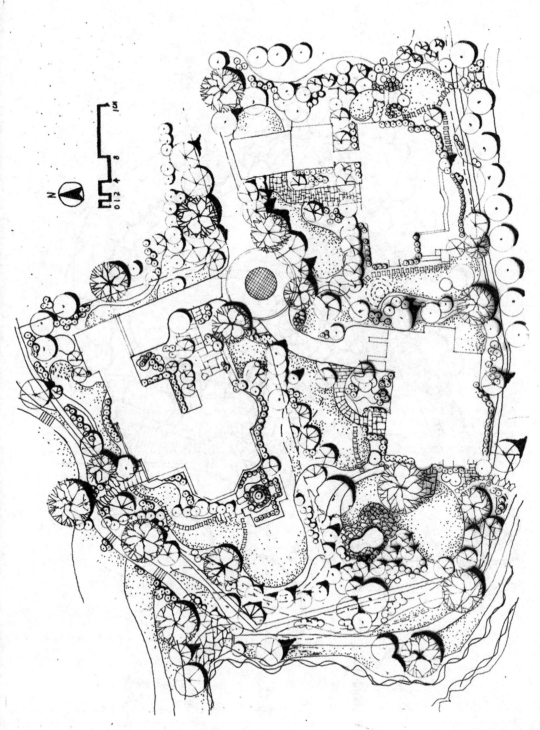

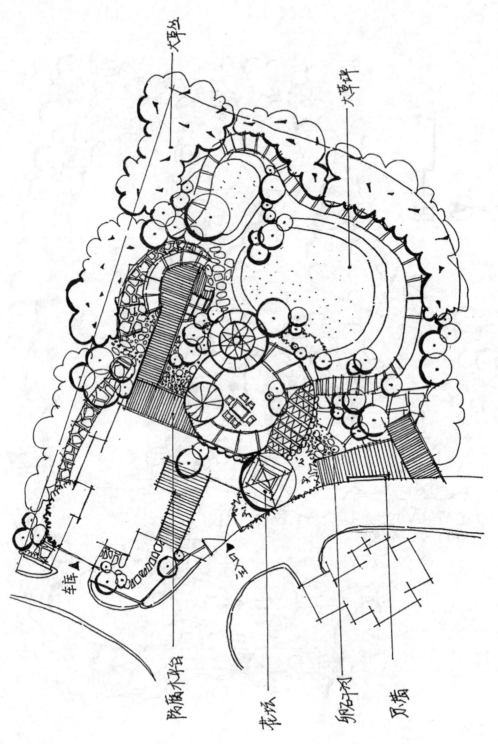

大草丛

大草坪

车库

防腐木平台

花径

卵石不

贝墙

二、立面图

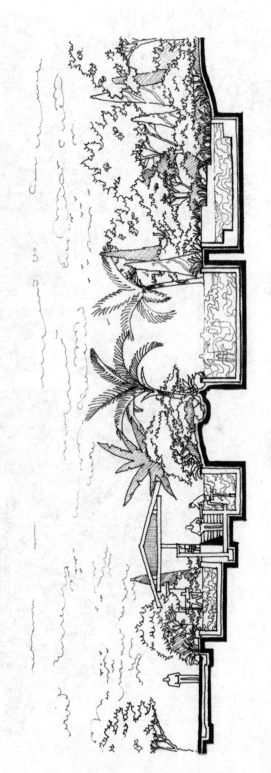

绘制立面图时，其中一个最基本的原则就是要将高程变化表现清楚，让观者充分理解设计者的意图，切忌避重就轻、表达模糊。

129

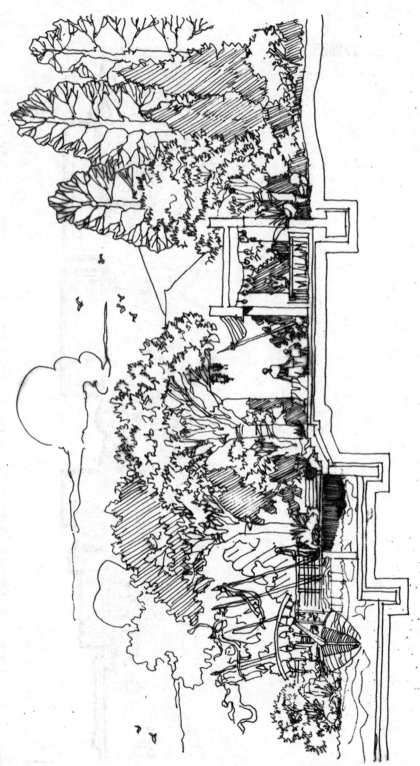

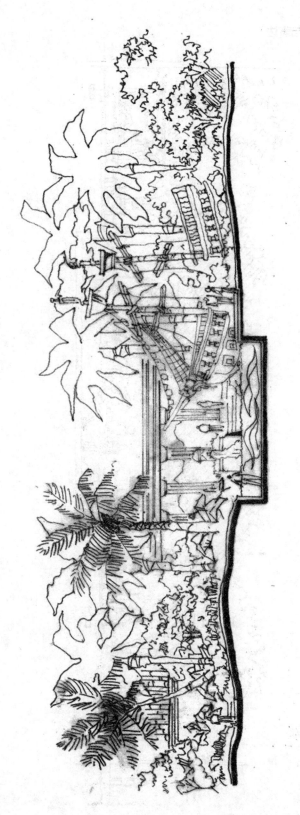

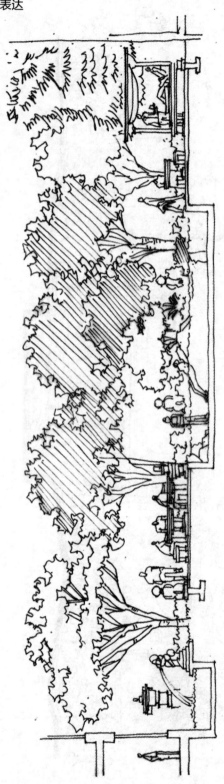

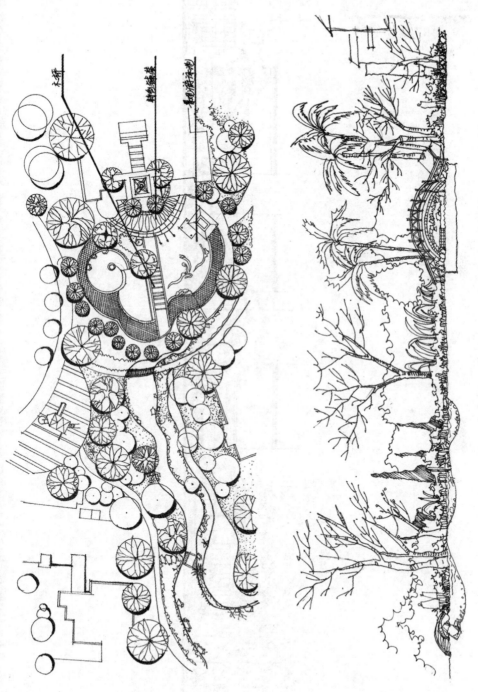

枝干优美、体态变化多样、高低错落的树形设计能够丰富立面效果。

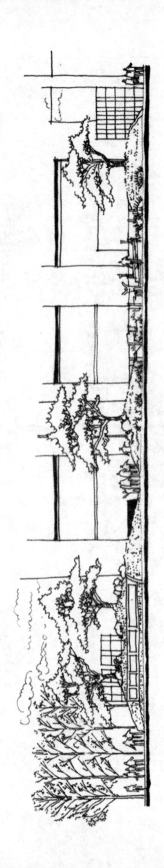

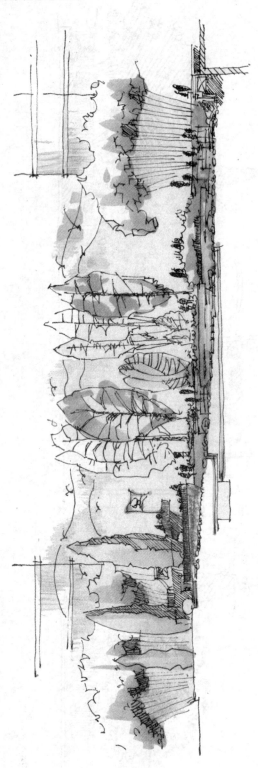

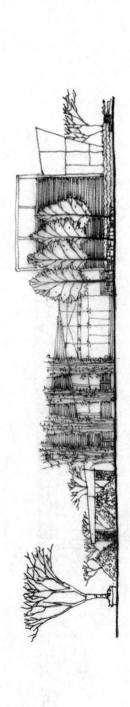

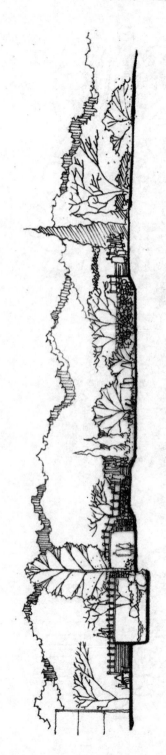

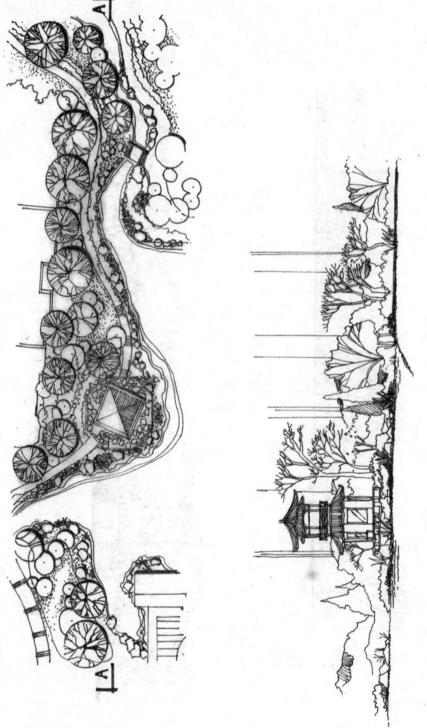

在设计平面阶段就应该考虑该立面高程问题，除了绿植本身的高差，为了丰富空间效果，还可以适当增加亭等类构筑物，以使天际线显得更加丰富。

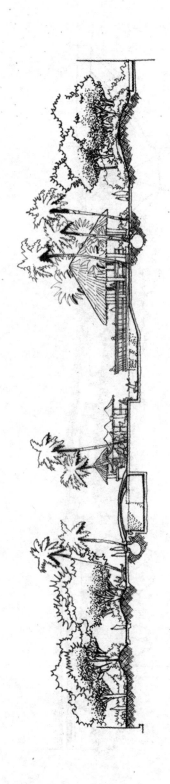

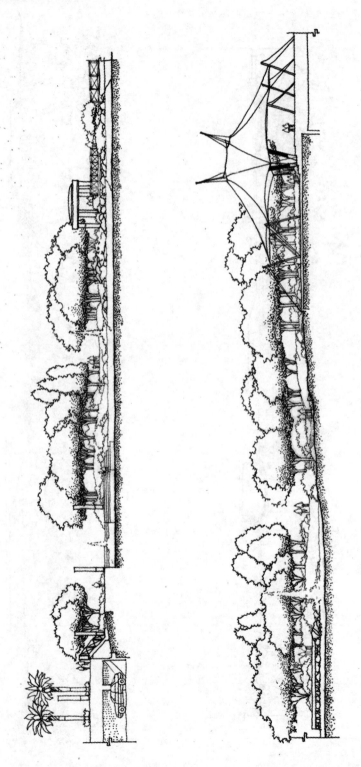

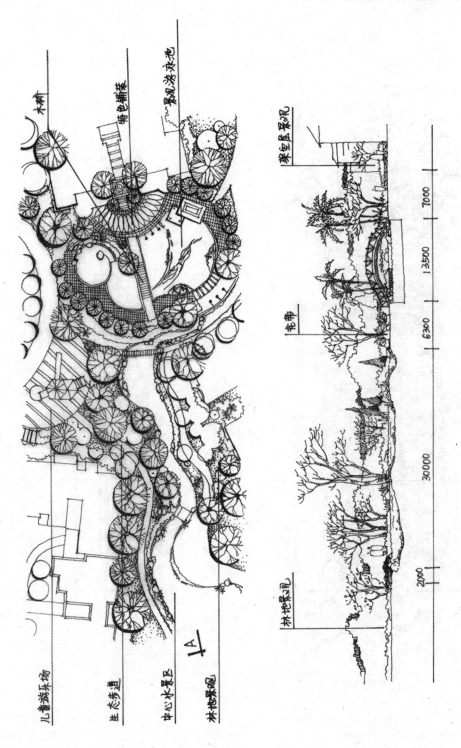

儿童游乐场
生态步道
中心水景区
林地景观

木桥
特色铺装
景观涉水池

观景居景观观
花带
林地景河

7000
13500
6300
30000
2000

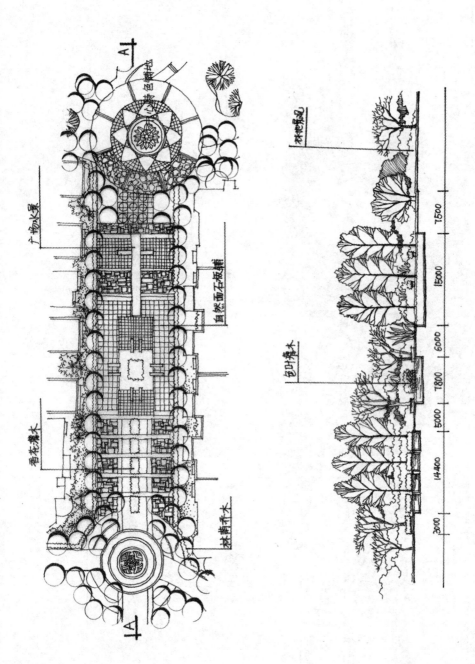

除了通过抬升高度来使空间有所变化，还可以利用下沉的水池增加丰富感。

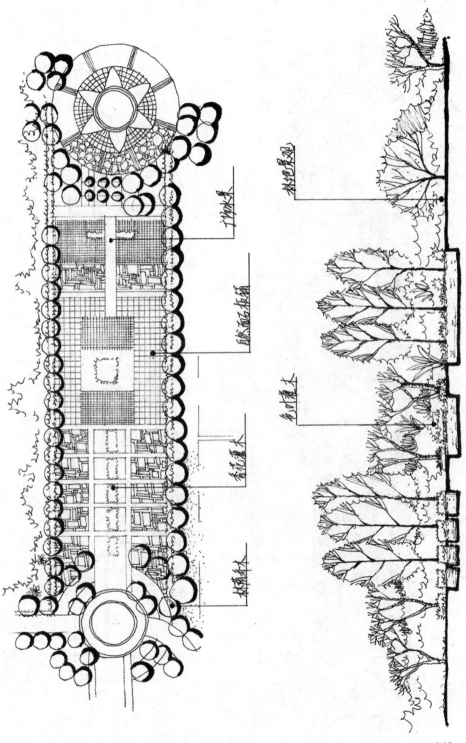

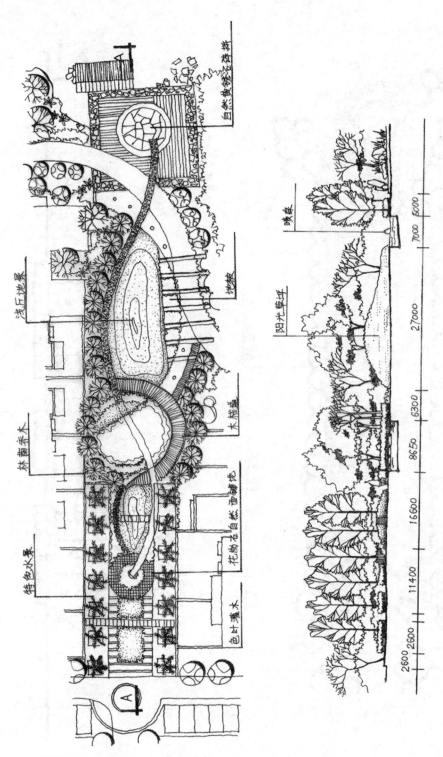

用自由曲线将各个节点相连可以形成较为连贯的空间序列。

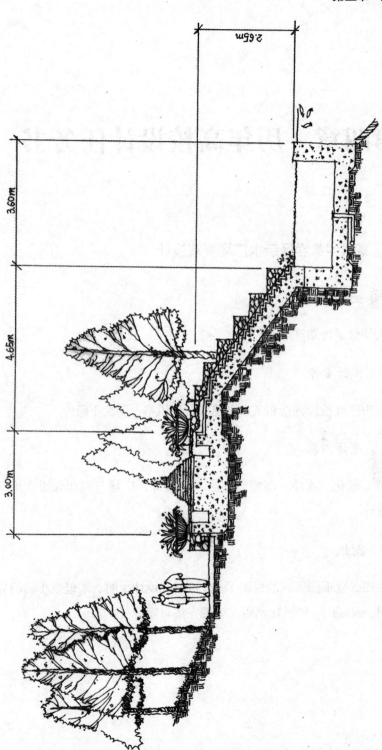

绘制局部立面时可以将其结构一并表现出来。

第四章　历年高校设计任务书

一、某大学教学区亲水广场景观设计

（一）坐落地点

某大学教学区湖畔。

（二）设计要求

应突出体现校园特点和亲水主题。设计风格、手法不限。

（三）设计内容

铺装、绿化、水体、雕塑、小品、设施等，广场与湖相邻堤岸形式可随意设计。

（四）图纸

平面图、立面图（或断面图）、分析图、设计说明、雕塑或小品的局部立面图、表现图。图纸比例定，表现方法自定。

二、主题公园设计

(一)项目概况

该设计项目地段位于南运河南岸,东邻规划路水西道,西接中环线红旗路。面积约为 30000 平方米(详见附图)。

(二)设计要求

以环保、科普或工业文明为基本构思方向,自拟主题进行公园设计。例如,设计地段比邻芥园水厂,可以水资源的保护、自来水工艺流程的展示、自来水工业的发展历程等为题进行设计。要求特色鲜明,引人入胜,具有文化气息。公园内铺装、绿化、雕塑、小品、水池、喷泉、照明以及其他公共设施等应进行综合考虑、统一设计。

(三)图纸要求

1. 总平面图:1/500。

2. 平面图:1/200 或 1/300,注明主要尺寸。

3. 立面图:1/100,1 ~ 2 个,注明标高。

4. 剖面图:1/100,注明标高。

5. 雕塑的平面图、立面图,比例自定。

6. 必要的分析图。

7. 表现图,表现方式自定。

8. 设计说明。

三、抗震纪念碑广场设计

（一）考试时间

6 小时（包括午饭）。

（二）图纸要求

1 号图纸 2 张，徒手绘制，工具不限。

天津抗震纪念碑位于天津和平区南京路、河北路、成都道三条路交会点的三角地块，面积约 4000 平方米。原纪念碑于 1986 年 7 月 28 日落成，为纪念唐山大地震十周年所建。据统计，这次地震使天津市 64% 的建筑物遭到不同程度破坏，倒塌和无法修复的有 654 万平方米，死亡 24296 人。

试将此纪念碑及周边规划重新设计。要求体现"抗震救灾，重建家园"之主题及时代特点，既是抗震主题园，又要兼顾周边群众休闲。入口可是一个或几个，但主入口主立面必须明确，兼顾汽车、自行车、行人不同视觉感受以及远近处的不同视觉效果。除图外，可做简短文字说明。（不少于 200 字）。

1. 要求总平面图 1 张，功能分析图 1 张（1：1000）。

2. 主要剖面图 2 张（1：100 至 1：500）。

3. 主要景观要素透视图 3 ～ 4 张。

4. 主要空间效果图 1 ～ 2 张。

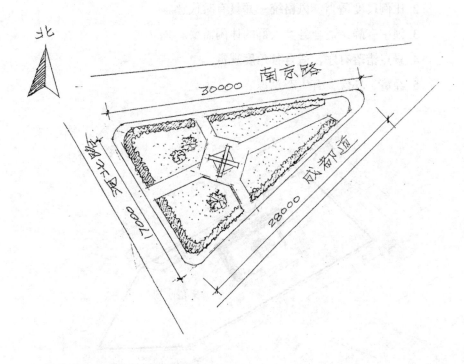

四、音乐休闲广场景观设计

（一）条件

北方某城市商业繁华地带中心岛，总占地面积为 9600 平方米，已建成西洋古典式音乐厅 1 座，建筑面积 3500 平方米（3 层），地下停车场 1 个（如图）。要求设计音乐休闲广场 1 个。图纸要求：1：500 总平面图、功能分析图各 1 张、鸟瞰图 1 张、剖面图 2 张（比例同前）、景观效果图 2 张。工具、风格不限。另附 200 字的设计说明（以上内容在规定时间内画 1 号图纸上）。

（二）评分标准

1.空间布局明确合理，节奏、动线自然流畅。

2. 比例尺度适当，风格统一并具有时代感。

3. 闹中有静，适合各类人群的休闲需要。

4. 景点错落有序，适合各角度观赏。

5. 经济、环保，有生态意识。

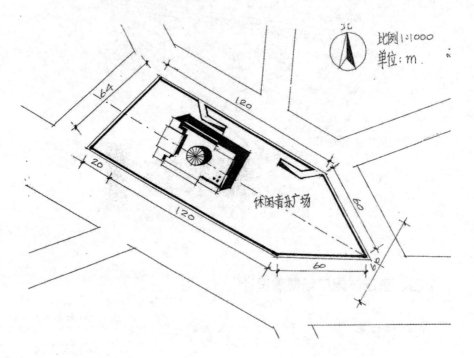

五、以"时间"概念为主题，设计一社区中心广场

（一）设计条件

广场尺寸：120 m×80 m，自定城市类型，地形平坦，社区交通方式及周边环境自拟。

（二）设计要求

主题广场设计方案 1 套（总平面图、流线分析图、功能分区图、立面图），比例与表现形式自定。

系统地说明设计思想（不少于400字）。

完成广场主要景观形态的表现图2张（表现形式自定）。

设计一套与其相配套的广场设施，包括至少4个类型的公共设施，类型自定，用速写形式表现。

（三）评分标准

1. 主题概念明确，设计创意新颖（60分）。

2. 主要景观表现图（30分），设施设计表现（20分）。

3. 说明设计（20分）。

4. 卷面版式（20分）。

六、以"知识就是力量"概念为主题，设计一个大学图书馆前的广场

（一）设计条件

广场尺寸：55 m×80 m，自定图书馆平面类型，地形平坦，周边道路与环境自拟。

（二）设计要求

主题广场设计方案1套，（总平面图、流线分析图、功能分区图、立面图），比例与表现形式自定。

系统说明设计思想（不少于300字）。

完成广场主要景观形态的表现图2张（表现形式自定）。

设计一套与其相配套的广场设施，包括至少4个类型的公共设施，类型自定，用速写形式表现。

（三）评分标准

1. 主题概念明确，创意设计新颖（平面图、流线分析图、立面图）（60分）。

2. 广场主要景观和广场设施设计表现（50分）。

3. 系统说明设计思想（20分）。

4. 卷面版式（20分）。

七、某开发区城市规划展览馆环境景观设计

某城市规划展览馆位于开发区核心位置，其南面是60米宽的城市水系，北面是商业和居住建筑，规划展览馆是一直径40米的圆形钢结构建筑，高15米，立面简洁，屋顶呈曲线造型。景观设计应充分满足规划展览馆的人流疏散等使用功能，要求设置不少于60个停车位（每个停车位3 m×6 m）。场地内其余空间作为市民的重要休闲活动场所进行统一设计。

（一）设计内容

广场铺装、亲水平台、停车位、绿化、水池、灯具、休息设施、小品等，内容及形式自定。

（二）设计图纸

1. 设计说明。

2. 平面图（比例自定）。

3. 剖面图1～2个（比例自定）。

4. 分析图（比例自定）。

5. 局部放大详图（位置及比例自定，标注主要尺寸）。

6. 表现图（表现方式不限）。

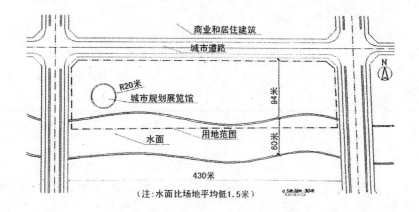

（注：水面比场地平均低1.5米）

八、以"和谐"概念为主题，设计一个住宅小区中的休闲广场

（一）设计条件

场地尺寸：40 m×50 m，周边为高层建筑，地形平坦，周边道路与环境自拟。

（二）设计要求

主题广场设计方案1套（总平面图、流线分析图、功能分区图、立面分析图），比例与表现形式自定。设计说明（不少于300字）。

完成广场主要景观形态的彩色透视图2张（表现形式自定）。

配套的广场设施，座椅、灯具、导示牌、建筑小品各1种，（用速写形式表现）。

（三）评分标准

1. 主题概念明确，设计创意新颖（60分）。

2. 主要景观表现图（30分），设施设计表现（20分）。

3. 说明设计（20分）。

4. 卷面版式（20分）。